## 作者简介

**张宽政** 男，湖南望城人，毕业于华中师范大学政治系。从教42年，现为湖南工业大学教授。其著《资源·经济·制度》提出，在整个社会主义历史阶段，具体经济制度安排应考虑资源属性和特点，宜公则公，宜私则私，不可一律化，"公比私好"和"私比公好"，都是错误观念。

中国书籍·学术之星文库

# 论人性
## 善恶并存 以善为主

张宽政 ◎ 著

中国书籍出版社

图书在版编目（CIP）数据

论人性：善恶并存　以善为主/张宽政著.—北京：
中国书籍出版社，2016.5
ISBN 978-7-5068-5593-8

Ⅰ.①论…　Ⅱ.①张…　Ⅲ.①人性—研究
Ⅳ.①B82-061

中国版本图书馆 CIP 数据核字（2016）第 110036 号

## 论人性：善恶并存　以善为主

张宽政　著

| 责任编辑 | 刘　娜 |
|---|---|
| 责任印制 | 孙马飞　马　芝 |
| 封面设计 | 中联华文 |
| 出版发行 | 中国书籍出版社 |
| 地　　址 | 北京市丰台区三路居路 97 号（邮编：100073） |
| 电　　话 | （010）52257143（总编室）　　（010）52257153（发行部） |
| 电子邮箱 | chinabp@vip.sina.com |
| 经　　销 | 全国新华书店 |
| 印　　刷 | 北京彩虹伟业印刷有限公司 |
| 开　　本 | 710 毫米×1000 毫米　1/16 |
| 字　　数 | 194 千字 |
| 印　　张 | 14 |
| 版　　次 | 2019 年 1 月第 1 版第 2 次印刷 |
| 书　　号 | ISBN 978-7-5068-5593-8 |
| 定　　价 | 68.00 元 |

版权所有　翻印必究

# 目 录
CONTENTS

引　子 ········································································ 1

人性论的任务与人性论 ················································ 4

人的标准与人性论 ······················································ 22

正确认识人性的方法 ··················································· 34

人性概念内涵与"人性主体"界定 ································· 44

人之所欲与人性 ·························································· 60

人之所能与人性 ·························································· 77

人之所为与人性 ·························································· 94

人性善恶与人性生长的物质基础 ·································· 105

人的第一特性与人性善恶 ············································ 114

人性善恶的制度文化根源 ············································ 124

人之所欲与社会发展动力 ············································ 139

1

合作、竞争与人性 …………………………………………… 146

人性发展的未来走向 ………………………………………… 159

关于告子的人性论 …………………………………………… 171

关于孟子的人性论 …………………………………………… 181

关于荀子的人性论 …………………………………………… 188

关于鲍鹏山的人性论 ………………………………………… 201

后　记 ………………………………………………………… 215

# 引 子

人性为何，古人问之；

人性为何，今人问之；

人性为何，千古问之。

何为人，有古人问之，有古人答之；

何为人，有今人问之，有今人答之；

何为人之问，何为人之答，永恒！

"人之初，性本善。性相近，习相远。苟不教，性乃迁。"《三字经》开篇这几句话的真理性如何？

易中天先生说，告子是历史上第一个提出人性问题的人。① 对此"易家之言"怎么看？

孔子说："性相近也，习相远也。"② 孔子此论是不是人性论？其真理性如何？

告子说："生之谓性。""食色，性也。""性无善无不善也。"③ 告子人性论的真理性如何？

荀子说："人之性恶，其善者伪也。""凡性者，天之就也，不可学，不可事。""不可学，不可事之在人者，谓之性；可学而能，可事而成之在人者，谓之伪。""人之欲为善者，为性恶也。""直木不待隐

---

① 易中天：《我山之石》，广西师范大学出版社2009年版，第165页。
② 杨伯峻：《论语译注》，中华书局1980年版，第181页。
③ 杨伯峻、杨逢彬：《孟子译注》，中华书局1980年版。

栝而直者，其性直也；枸木必将待隐栝矫蒸然后直者，以其性不直也；今人之性恶，必将待圣王之治，礼义之化，然后皆出于治，合于善也。用此观之，然则人之性恶明矣，其善者伪也。"① 荀子这些论述的真理性如何？

荀子还说："水火有气而无生，草木有生而无知，禽兽有知而无义；人有气有生有知亦且有义，故最为天下贵也。力不若牛，走不若马，而牛马为用，何也？曰：人能群，彼不能群也。人何以能群？曰：分。分何以能行？曰：义。故义以分则和，和则一，一则多力，多力则强，强则胜物，故宫室可得而居也。"荀子这些论述是否也是对人性的认识，其真理性又如何呢？

鲍鹏山先生说："人性只有欲，而无道德意义上的善恶。人性属于自然的范畴，而善恶属于伦理范畴。""人性属于自然领域，道德属于社会领域。"② 鲍先生的观点是否正确？

马克思说："人的本质并不是单个人固有的抽象物，在其现实性上，它是一切社会关系的总和。"马克思所讲的"人的本质"与人性是什么关系？能否说马克思的人的本质理论就是马克思主义人性论？

人为什么需要教育？人需要什么样的教育？"人之所以需要教育是因为人是区别于世间一切他物的特殊存在。"③ 人所需要的教育，也是由人性特别是人的本质规定性决定的观点是否成立？

古今中外，都有过"成人"礼仪制度。设立这一制度的目的何在？未成年人的本质是"未成人"，成年人的本质是"已成人"；成人的标准，即是人的标准。人类社会何以需要人的标准，人的标准应当为何？

马克思主义人性论产生之前的人性论，都是以"善"为人之标准。此说能否成立？人的标准产生以后，对人们认识"人性"产生了什么样的影响？不同人性论对"人性为何"与人的标准之间的互动关系是

---

① 《荀子·性恶》，远方出版社2004年版。
② 《鲍鹏山新读诸子百家》，复旦出版社2009年版，第144页。
③ 张旺：《人的类生命与素质教育》，载《教育研究》2010年第8期。

否有着不同的认识和把握？

　　以上问题，是本书感兴趣的问题，也是本书所要回答的问题。

　　从一定意义上说，"听人说"和"我要说"，都是属于人的属性。读书是"听人说"的一种形式，写书则是实现"我说"的一种形式。

　　读书是做言论的审判官，写书则是作者把自己放在被告席上。

　　愿读者的审判尽快到来。

# 人性论的任务与人性论

人性，是人性论的研究对象。人性论，是关于人性的理论。人性论的任务，一是回答人性为何，二是树立人之标准。不同人性论的区别，可归结为完成此任务的区别。

一

人性为何，是人开始认识自身后自然要提出的问题。不同地域、不同种族、不同民族、不同时代的人，对此问题的相同解答和不同解答都是人性论；同一时代、同一地域、同一民族的不同人，对此问题的相同解答和不同解答都是人性论。

易中天先生说，告子是历史上第一个提出人性问题的人。① 对此"易家之言"，笔者不敢苟同。其理由有三：

第一，人性论的存在形式或表达形式多种多样，可以是著作，可以是文章，可以是长篇大论，也可以是三言两语，其核心是对"人性为何"作出怎样的回答。我们判断一家之言是不是人性论，有无人性论，不能以文章长短为尺度，不能以是否有完整体系为尺度，不能以是否运用了"人性"这个词为尺度，更不能以是否正确认识人性为尺度，而只能以是否论到人、论到人性为尺度。

---

① 易中天：《我山之石》，广西师范大学出版社2009年版，第165页。

第二，告子是战国时代人，他年纪比孟子大，比墨子小，而年纪比墨子还要大的孔子就说过："性相近也，习相远也。"① 我们不能说，孔子讲的"性"不是指人性，而告子讲的"性"才是指人性。告子的"食色，性也"是一种人性论，孔子的"性相近，习相远"也是一种人性论。

第三，人性论，是从人开始认识自身开始的。因此，不仅中国先秦诸子有人性论，西方古希腊哲学也有人性论；不仅中国先秦诸子之前有人性论，西方古希腊哲学之前也有人性论。先秦诸子是中国古代文化繁荣的一个阶段，是当时华夏民族总结对人类社会历史发展认识的理论形态；西方古希腊哲学是西方古代文化繁荣的一个阶段，是当时西方民族总结其对人类社会历史发展认识的理论形态。

人性论在古代虽有多种或多个，但是以人性、人性论为标题或者专门讨论人性的著作却是比较少见。在中国先秦诸子中，被有的学者称为"中国历史上的第一位哲学家"② 的老子虽然说过"天下皆知美之为美，斯恶已；皆知善之为善，斯不善已"，但《道德经》毕竟不是专论人性的著作。孔子虽然提出了"性相近，习相远"的命题，但《论语》却没有一篇专门论人性。墨子提出了兼爱、非攻、节用等主张，但《墨子》没有一篇专门讨论人性问题。孟子提出人性善的观点，但《孟子》也不是人性论专著，其中只有《告子（上）》可算人性问题专著。《荀子》讨论了人性问题，提出人具有"善假于物""能群""有义"等特征，甚至说过"凡以知，人之性也"，但又认为人性恶，因而其人性论是两个互相矛盾的体系，③ 且一部《荀子》中也只有《性恶》是人性论专著。庄子认为，人世间有争有竞，而人生是有限的，人应当在上下四方无极的世界逍遥游，而不应当让争名争利主宰自己的一生，但《庄子》没有一篇可算人性论专著。韩非主张人性本恶，也没有写人性

---

① 杨伯峻：《论语译注》，中华书局1980年版，第181页。
② 陆玉林：《道德经精粹解读》，中华书局2001年版，第1页。
③ 参见本书第185页。

论专著。汉代《淮南鸿烈》的形神论涉及人性问题，但没有专门讨论人性。董仲舒继承《中庸》"天命之谓性"的思想，认为人性是天志先天赋予给人的，提出了著名的"性三品"说，但也没有标题为专论人性的著作。王充对孟子的性善论、荀子的性恶论、告子的性无善无恶论，都不完全同意，他认为人性有善有恶，其《本性篇》《率性篇》可算人性论专著。唐代韩愈继以"性也者，与生俱生"[①]为前提，在继承董仲舒的基础上提出了自己的"性三品"说，其《原性》可算人性问题专论。

在西方，以人性为标题或标题为人性论的著作，也是比较少见的。德谟克利特、柏拉图、亚里士多德没有写专论人性的著作。文艺复兴之后，西方政治思想的特点是以资产阶级的法学世界观代替神学世界观。资产阶级法学世界观以人性为出发点，以人权为基础，"用人的眼光"看政治，也就开创了一个大谈人性的新时代，但以人性论为标题的著作还是比较少见。近代英国经验论哲学，是西方文艺复兴后哲学发展的重要环节。培根哲学之后，霍布斯提出"人对人是狼"，写了《法的原理》《论政治体》《论公民》《利维坦》等著作，讨论了人性，但作为人性论专著的只有《人的本性》，而这篇论文只是《论政治体》的一部分。洛克写了《政府论》《论宗教宽容》和《人类理智论》，标题为人性论的著作没有。休谟认为哲学的对象是"人性"，写了几本书，其中一本为《人性论》，但他所论的人性主要是"知性"。与英国哲学家同时代的法国哲学家中，笛卡尔提出并论证了"我思故我在"的命题，但也没有专论人性的著作。斯宾诺莎写了《神学政治论》《伦理学》《政治论》，也没有标题为人性论的著作。在18世纪法国哲学家中，卢梭写了《论人类不平等的起源和基础》，但也没有以人性论为标题的著作；爱尔维修的人性论是很有影响的，但他也没有人性论专著。比卢梭晚出世45年，身处美国建国初期的政治家汉密尔顿深受霍布斯著作的影响，认为人的本性是自私，认为"人性学"是一切科学中最有实用

---

① 任继愈主编：《中国哲学史》（第三卷），人民出版社1964年版，第136页。

价值的科学,① 他为推动美国建立三权分立的共和制度,与麦迪逊·杰伊一起写了85篇论文,却没有一篇专门论人性。德国古典哲学集2000多年欧洲哲学发展之大成,在概括当时自然科学新成果的基础上,取得了划时代的伟大成就,其代表人物康德、黑格尔、费尔巴哈等,写了许多著作,研究了人性,但也还是没有留下以人性论为标题的人性论专著。

马克思主义诞生意味马克思主义人性论问世,但是马克思主义理论文库中,标题为人性或人性论的著作,仍然是极其罕见。马克思、恩格斯,没有写人性论专著,我们不能因此断言马克思恩格斯著作里没有人性论;列宁也没有写人性论专著,我们不能因此说列宁主义没有人性论。毛泽东一生主要精力是打天下坐天下,对于人性问题在延安文艺座谈会上谈过一次,其系统性全面性明显不足。毛泽东1943年在刘少奇给续范亭复信上写的批语,可谓专门地比较系统地讨论了人和人性问题,但那还只是一个提纲,还不是专著或专论,我们不能因此断言毛泽东著作里没有人性论。

近年来,我国出版的著作、报刊谈论人性的文章颇多,但标题为人性或人性论的大部头著作仍然是比较少的。为什么这样?

也许是因为人性问题虽然重要,但毕竟只是哲学问题之一,且不具有紧迫性,而每一代人都面临着更加紧迫需要尽快解决的问题。哲学是时代精神的精华。哲学必须为解决时代最为紧迫最为重要的问题服务,它必须论证"凡是现实的都是合理的,凡是合理的都是现实的";② 它必须为时代指明最为重要最为紧迫的任务;它必须为历史发展指明方向。

也许是因为人们认为人性问题太简单,以至没有多少话要说。这没有道理。因为事实上人性问题并不简单,而是很复杂。人性属于人,人

---

① 转引自徐大同:《西方政治思想史》,天津人民出版社1986年版,第322页。
② 黑格尔语,转引自《马克思恩格斯选集》第4卷,人民出版社1972年版,第211页。

性是人的属性，认识人性必须认识人，认识人性必须认识人类社会，而人和人类社会是世间最为复杂的事物。人是一个具体。任何具体都有多方面的本质和属性。正如马克思所说："具体之所以具体，因为它是许多规定的综合，因而是多样性的统一。"① 也正如毛泽东所说："事物的历史是无穷的，事物与事物的相互关系是无穷的，因而其属性是无穷的。普通所谓'全面暴露'，实只其有限的一些部分、一些片段。"② 正确认识人和人性必须遵循"人的思想由现象到本质，由所谓初级本质到二级本质，这样不断地加深下去，以至无穷"③的规律。

## 二

从根源上说，人性论同任何理论一样，都是客观存在的反映，都是实践的产物，都是为实践服务的。一种人性论是否正确，不是取决于它产生之时被多少人接受，而是取决于后来实践的检验。因此，凡是实践证明正确的人性论必将普遍被人接受，凡是实践证明错误的人性论必然被人抛弃。然而，自古至今的人性论，都不可能绝对正确，它们作为人对人性的认识，作为主观对客观的反映，总是含有正确和错误的成分。因此，历史上的种种人性理论，总是有其价值。

实践作为检验理论科学性的尺度，是最终意义上的，它本质上是一条永无终点的历史长河。因此，被宣称经过实践检验过的理论并不是最终意义上的。换言之，世界上的任何理论都只是真理长河中的浪花或颗粒，而不可能是孤立存在并完全被实践确认的绝对真理。因此，判断理论科学性还有一条简便的方法，那就是看它是否完成了所肩负的任务或完成任务的程度。

---

① 《马克思恩格斯选集》第2卷，人民出版社1972年版，第103页。
② 《毛泽东文集》第3卷，人民出版社1996年版，第81页。
③ 《列宁全集》38卷，人民出版社1973年版，第278页。

如果这一判断能够成立，则判断一种人性论是否科学，当然就要看其所取得的成就。而判断其成就又主要看其是否完成了人性论的任务。

人性论的任务有二：一是正确认识人性，二是正确地为人性立法。所谓正确认识人性，就是要对"现实人"的属性，即活生生的人的属性和特征认识清楚。所谓正确为人性立法，就是要正确树立人之为人的标准。这两个方面是统一的，是不可分割的。一种人性论，如果做到了这两条，就是科学人性论，如果没有做到这两条，就还不是科学人性论。这两条之所以可以成为我们判断人性论是否科学的标准，是因为科学人性理论，用来指导实践就一定能取得实践的成功。因此，用这两条来衡量人性论的真理性科学性，与实践检验真理标准的理论是不矛盾的，是完全一致的。

马克思主义人性论之前的人性论，可称为历史上的人性论，中国先秦诸子人性论和西方古希腊哲学人性论，都包括在内。按照这两条来衡量先秦诸子和西方古希腊哲学，我们可以说，先秦诸子和西方古希腊哲学作为人性论，虽然都含有真理，虽然都取得了许多伟大的成就，但都没有完成人性论的任务，因而在整体上还是属于不科学的人性论。在中国先秦诸子之后，华夏民族关于人类社会及人性的理论虽然是有所发展的，但还是没有完成人性论的任务；在古希腊哲学之后，西方各民族关于人类社会和人性的理论也是有发展的，但直到马克思主义人性论产生之前也还是没有完成人性论的任务。马克思主义人性论，基本上完成了人性论的任务，是当今世界上最为科学的人性论。

中国历史上的人性论，大体可分三个阶段：先秦诸子人性论，汉唐时期人性论，宋元明清时期人性论。整体看，中国历史上的人性论，一是对现实人的属性和特征缺乏整体把握和全面的客观认识；二是都将"善"确立为人之为人的标准，因而只具伦理学的意义，对人的发展缺乏全面引导。这里仅将先秦诸子和汉代人性论做简要分析和介绍。先秦诸子和汉代人性论，可以分为四派：性善论、性恶论、人性无善无恶论、人性有善有恶论。

人性无善无恶论，由告子首创。告子人性论的特点是，以"生之谓性"为前提，以人之食欲性欲与生俱来为根据，将人性归结为人有食欲和性欲（食色，性也），最后得出人性无善无恶的结论。告子认识到人有食欲性欲的特性，是正确的；认为人的食欲性欲本身无善无恶，也是正确的；但将人性归结为食欲性欲，认为人性无善无恶，则是错误的。告子将人有食欲性欲的特性，视为人的唯一特性，抹杀了人的其他特性，明显不符合事实。在这种片面认识基础上，进而认为人性无善无恶，犹于急流水，东边开个口子向东流，西边开个口子就向西流，就更是错误的。显然，告子没有完成正确认识人性的任务。

人性有善有恶论认为，人生来就有"善"和"恶"这两种属性，养之善性，则善性不断增长，养之恶性，则恶性不断增长。东汉哲学家王充认为，这一理论是战国时代的世硕创立的。他在《论衡》里说："周人世硕，以为人性有善有恶，举人之善性，养而致之则善长；举人之恶性，养而致之则恶长。"[①] 这种人性论，对后世产生过影响。西汉董仲舒的"性三品"说，唐代韩愈的"性三品"说，都认为人性善恶是天生的。显然，这种人性论是不可能完成正确认识人性的任务的。

孟子是性善论的代表人物。孟子的人性论，整体看属于为人性立法的理论，其对现实人的属性和特征没有多少论述，其认识也缺乏全面性。孟子意识到人性论必须担当正确树立人的标准的任务，认为正确认识人性要以人与动物的区别为前提，是正确的。其将"善"规定为人之为人的标准，也有合理性，但其人性本善的理论不能成立，因而还是没有完成人性论的任务。

韩非主张人性本恶。其人性论中暗含以"善"为人之标准，其人性本恶论不是对现实人性的科学认识，也就不可能完成正确认识人性的任务。荀子人性论含有人的标准，其对人性的认识则是一个矛盾体系。

---

[①] 王充：《论衡》，远方出版社2004年版。

荀子一方面认识到人与动物有三个方面的区别,即人"善假于物""有义""能群";另一方面则同告子一样以"生之谓性"为前提,以人之食欲性欲色欲与生俱来为根据,认为人性本恶,不同于告子之处是将人之所欲规定为"恶",告子则认为人欲无善无恶。荀子认识到人与动物有三个方面的区别,是正确的,但其性恶论则是不科学的。因此,荀子也没有完成正确认识人性的任务。

老子主张"无为而治"。一部《老子》似乎没有讨论人性问题,但其"无为"思想体系中含有以"善"为人之标准的思想。庄子同样主张"无为",也似乎没有讨论人性问题,但其思想体系中含有以"独立""自由"为人之本性和人之标准的思想。整体看,老庄没有完成正确认识人性的任务。

孔子论到人性,其人性论同样有两方面内容,一方面是为人性立法,另一方面则是关于人性的认识。为人性立法,是孔子人性论的主要方面。孔子是教育家,虽然认识到人应当具有一定的才能,但其人的标准主要还是道德上的"善"。孔子学说的核心是"仁"。他说:"仁者爱人","克己复礼为仁"。他所主张的"爱"是有差等的爱,是以"礼"来规范的爱,这实际上是一个人之标准理论。孔子的"性相近习相远"理论,则是孔子对人性的认识。"性相近习相远"里的"性"是人性,这应当是无疑问的,但是孔子的人性是指什么,却没有任何解释,这使后人有不同理解和解释。如果我们将孔子讲的"人性"理解为人与动物的区别,则孔子人性概念的内涵就不是仅指人之所欲,更不是仅指人有欲,还包括人之所能和所为。如果我们对孔子讲的人性是这样一种理解,则"性相近"就是指人在婴儿时期与动物没有多大区别,而"习相远"的意思就是人与动物的区别、人与人的区别,都是开始于婴儿时期的后来之"习"造成的。当然,孔子的"性相近习相远",也可以理解为:所有人最初的"性"是相近的,后来因为"习"的原因才差别越来越大了。如果孔子的意思是这样,则无疑是强调人的后天教育和学习对人性的影响了。不论怎样理解,孔子讲的人性都绝不是仅指人有食欲性欲，更不是指人的食欲性欲。因为孔子知道以有食欲有性欲是不能区分人和禽兽的，以人的食欲性欲也是不能区分人的。如果孔子讲的人性是仅指人有食欲和性欲，则"性相近习相远"就讲不通。因为人的食欲性欲作为生理反应虽然是有区别因而"相近"的，却不是可以通过"习"可以改变而差别越来越大的。如果孔子讲的"性相近"是指人最初的食欲性欲没有多大区别，其"习相远"也是讲不通的。因为人的食欲是取决于身体状况和劳动强度的，人的性欲作为生理反应则完全是由身体健康状况决定的，都是不能通过"习"来改变的。因此，孔子的"性相近习相远"论，是含有科学成分的。但是，即使如此，孔子人性论也还是没有完成人性论的全部任务，因而还不是科学人性论。

先秦诸子之后，华夏民族的人性论还是有所成就的，但其成就主要还是围绕人的标准来发展的，对于现实人性的认识，则在整体上没有突破性进展，没有根本性进步。

西方历史上的人性论，大体上也可分为三个阶段：古希腊哲学人性论，中世纪神学人性论，文艺复兴以后资产阶级人性论。整体看，西方历史上的人性论具有与中国历史上的人性论基本相同或相似的特点：一是主要以"善"为人的标准；二是对现实人性的认识缺乏全面性。

古希腊哲学人性论，本质上属于为人性立法的理论。智者普罗塔哥拉斯提出的"人是万物的尺度"的命题，含有人与动物存在区别的认识，其"自然"高于法律的理论则可视为对人作为生物体所具有的欲求的肯定，但其主旨则是树立人的标准。古希腊哲学作为伦理学说，主要讨论什么是善，什么是正义，什么是幸福的问题，这实际是由确立人的标准的需要而产生的。德谟克利特认为，人与动物的区别在于人有良心；人生应当追求幸福，人的物质生活享受具有合理性，但精神生活的幸福高于物质生活的幸福。柏拉图认为，理性、意志、情欲，是人的天性，人间的三个等级是这三种天性的体现；统治者拥有理性具有智慧，统治者的卫士拥有意志具有勇敢，农夫和手工艺人具有情欲，他们必须安分守己，克制私欲，辛勤劳动，哲学王则是"真正完善的人"；① 而幸福则是精神上的满足，而非物质上的快乐。亚里士多德认为，"人是天生的政治动物"，② 自爱是人的天赋本性等，也属于对人性的一种认识；其"中道"思想则具有为人性立法的意义。

欧洲中世纪神学人性论，是基督教神学思想占统治地位的必然产物。在这一历史阶段，《圣经》具有绝对的至高无上的权威。在这样的历史条件下，奥古斯丁认为，所有人都从亚当那里继承了一种堕落的本性，因而需要教会神权的绝对统治。托马斯阿奎那的人性论，虽然是以维护神权教会统治为宗旨的，但毕竟已经意识到人不仅有动物一样的自然的感性的欲求，而且是有理性的，因而人的道德活动的自然律是趋善避恶；人的真正快乐不是肉体或感情的快乐，而是在道德上达到最高的境界。其中既有对人性的认识，同时也有人之为人的标准。

文艺复兴以后资产阶级人性论，是资产阶级法学世界观的重要理论基础。文艺复兴以后的资产阶级人性论具有三个特点：一是注重对人的本性的研究，将人性作为其法学世界观的出发点。二是普遍认为人的本性就是人的自然本性，也就是人生而具有的生物本能。从这点出发，所有这一时期的资产阶级思想家都认为，人在本性上是自私利己的。三是认为人的自私本性，在政治上体现为自由、平等和人权以及民主的要求；在经济上体现为利益最大化的追求；在道德上体现为对自己幸福的追求。爱尔维修认为，人自有感觉的那一天起，直到失去感觉那一天止，指导他们行动的唯一动力只有一个，那就是他们的自私心。爱尔维修的这种认识，本质上是对资本主义社会资产阶级人心的敏锐洞察，作为人的本性却是缺乏根据的。霍布斯说："人对人是狼。"③ 霍布斯的这一关于人性的概括描述，是资本主义社会人吃人现象的真实写照，但把

---

① 柏拉图语，转引自徐大同：《西方政治思想史》，天津人民出版社1986年版，第35页。
② 转引自徐大同：《西方政治思想史》，天津人民出版社1986年版，第42页。
③ 同上，第215页。

它视为人的本性却缺乏根据。康德认为，人间之善源于人的"善良意志"，而人的"善良意志"是人先天就有的，这显然不是对人性的科学认识。康德不以人的行为作为判断善恶的根据，而只以人的行为动机为根据的理论，作为为人性立法的理论明显具有局限性。正因此，他的理论遭到费尔巴哈的批判。但是，费尔巴哈对康德的批判不过是重复法国唯物主义思想家的思想而已，他"所告诉我们的东西是极其贫乏的"[1]。黑格尔的人性论整体上是唯心主义的，其历史观也是唯心主义的，其反对人性本善或人性本恶的观点则是合理的。他认为"善与恶不可分割"的观点是正确的，认为"善与恶导源于意志"也有其合理性，但认为人性本源于"绝对理念"的演化，则是不符合事实的，因而也就决定他不能完成人性论的双重任务。

## 三

马克思主义人性论之前的人性论，探讨过"人性为何"，对"人性为何"有过客观描述，但不全面，明显存在片面性；马克思主义人性论之前的人性论树立过人之标准，但都将人之标准局限于"善"。"善"作为人之标准，固然可以历史地具体地赋予丰富内涵，但毕竟比较笼统且具有片面性。

马克思和恩格斯，这两个伟人，是马克思主义的创立者，他们一生主要忙着写《资本论》等重要著作，没有写专论人性的著作，其人性论分散在他们的著作中。列宁在十月革命前，主要忙着写《国家与革命》《唯物主义与经验批判主义》等著作，十月革命后主要忙着对付14国武装干涉，巩固新生红色政权，没有写关于人性的专论。斯大林一生也没有写人性论专著。毛泽东一生主要精力是打天下坐天下，对于人性

---

[1] 《马克思恩格斯选集》第4卷，人民出版社1972年版，第234页。

问题只在延安文艺座谈会上公开地谈过一次。他于1943年在刘少奇给续范亭复信上写的批语，可谓专门地比较系统地讨论了人和人性问题，但那只是一个提纲（而且直到他去世后才得以公开发表，因而其对人性认识的启发、指导作用还未发挥出来）。其他马克思主义理论家写的著作中，以人性为标题或者专论人性的著作，也是非常少见。马克思主义理论文库的这种状况，使马克思主义人性论缺乏外在的形式上的系统性，其关于人性的思想分散在马克思主义者的所有著作中，要将马克思主义人性理论梳理为一个脉络清晰的理论体系存在客观的困难，况且至今也没有人专门去做这一工作。但是，马克思主义人性论在客观上是存在的，是不可否认的。

马克思主义人性论，是以历史唯物主义基本原理为理论基础的开放体系，其主要内容就是马克思主义的人的本质理论和人的自由全面发展理论。

关于人性，马克思有多个表述，最有代表性的表述有三：一是认为人性就是人的"一般本性"及历史变化；二是将人性归结为"社会关系总和"，三是把人性归结为人的"自由自觉的活动"，即劳动或实践。

马克思认为，人性是人的属性或特性，研究人性必须研究人的"一般本性"及其历史变化，而研究人的"一般本性"及历史变化又必须研究人的本质。人的本质是人成为人的根据，是在根本上规定人与动物相互区别及人的发展方向的东西，因而也就是人性生成发展的内在原因。马克思指出，"费尔巴哈把宗教的本质归结为人的本质"，是完全错误的。而"人是环境和教育的产物，因而认为改变了的人是另一种环境和改变了的教育的产物"的唯物主义学说却"忘记了：环境正是由人来改变的，而教育者本人一定是受教育的"事实，因而也是错误的，是不能认识人的本质的。马克思还说："人的本质并不是单个人固有的抽象物,在其现实性上,它是一切社会关系的总和。"① 要认识到这一点就必须认识到:"一个种的全部特性、种的类特性就在于生命活动的性质,而人的类特性恰恰就是自由的自觉的活动"。② 而人的自由自觉活动这种类的特性又决定"社会生活本质上是实践的"。③ 因此可以说,在马克思的人的本质理论看来,直接决定人的"一般本性"从而使人区别于动物的东西是"一切社会关系总和",而决定"一切社会关系总和"的东西则是劳动或实践,亦即人的"自由自觉活动"。换言之,在马克思主义人性论看来,人的"一般本性"是人和人性的一级本质,"社会关系总和"则是人和人性的二级本质,"自由自觉的活动"则是人和人性的第三级本质。

马克思主义人性论作为人的本质理论将人性归结为"一切社会关系的总和",不仅客观描述了人的本质,而且为正确全面认识人性提供了科学的方法,为探寻人性、人的本性的来源提供了科学的路径,其理论根据和基础则是历史唯物主义。历史唯物主义认为,类人猿进化为人,人类社会的发展,是一个"自然历史过程",④ 这决定人性生成和发展同样是一个自然历史过程。人类社会的基本矛盾是生产力与生产关系、经济基础与上层建筑的矛盾,人类社会的历史是社会基本矛盾运动的历史。人是生产力中最活跃最革命的因素,因此生产力的发展本质上也就是人的发展,即人的力量的发展。生产关系的主体是人,生产关系虽然是由生产力决定的,但决定生产关系性质的社会经济制度却是属于人类社会的制度创新,而人类社会所创立的经济制度又对人性的生成和发展起着决定性的作用。人类社会历史的生产关系相对于社会的上层建筑就是社会的经济基础,社会的上层建筑虽然是由经济基础决定的,但它对社会的经济基础又有着不可忽视的反作用,这种反作用不仅首先是

---

① 《马克思恩格斯选集》第1卷,人民出版社1995年版,第18页。
② 《马克思恩格斯全集》第42卷,人民出版社1995年版,第96页。
③ 《马克思恩格斯选集》第1卷,人民出版社1995年版,第18页。
④ 《马克思恩格斯选集》第2卷,人民出版社1995年版,第101~102页。

作用于人而且是由人的活动来实现的。这表明生产力与生产关系的联结点，经济基础与上层建筑的联结点，都只能是现实的人。显然，马克思的历史唯物主义理论从根本上揭示了类人猿进化为人以及人的发展和人性生成、发展的根本原因和机制。

马克思创立的人的自由全面发展理论认为，人的发展是人之为人的规定性的发展，即人的本质和人性的发展。人的全面发展，是"人以一种全面的方式，也就是说，作为一个完整的人，占有自己的全面的本质。"① 人的全面自由发展的本质特征，是"人终于成为自己的社会结合的主人，从而也就成为自然界的主人，成为自己本身的主人——自由的人。"这使人的自由全面发展具有理想性和现实性。理想性的含义及表征在于：人的全面自由发展在目前的历史阶段不仅没有实现，而且遇到了很大的阻碍。现实性的含义及表征在于："全面发展的个人……不是自然的产物，而是历史的产物。"② 这就是说，人的全面自由发展必须经历一个历史过程才能实现。"一个人的发展取决于和他直接或间接进行交往的其他一切人的发展"③"要不是每个人都得到解放，社会本身也不能得到解放"。④ 因此，实现人的自由全面发展所依赖的全部条件可以归结为社会进步到一定的历史阶段，在此历史阶段"每个人的自由发展是一切人的自由发展的条件。"⑤ 这一历史阶段，也就是共产主义社会。"共产主义就是以每个人的全面而自由的发展为基本原则的社会形式。"⑥ 在未来的共产主义社会里，"任何人的职责、使命、任务就是全面地发展自己的一切能力。"⑦ 而"生产劳动给每个人提供全面发展和表现自己全部即体力和脑力的能力的机会，这

---

① 《马克思恩格斯全集》第42卷，人民出版社1979年版，第123页。
② 《马克思恩格斯全集》第46卷，人民出版社1979年版，第108页。
③ 《马克思恩格斯全集》第3卷，人民出版社1960年版，第515页。
④ 《马克思恩格斯全集》第20卷，人民出版社1960年版，第318页。
⑤ 《马克思恩格斯选集》第1卷，人民出版社1995年版，第273页。
⑥ 《马克思恩格斯全集》第23卷，人民出版社1972年版，第649页。
⑦ 《马克思恩格斯全集》第3卷，人民出版社1960年版，第230页。

样，生产劳动就不再是奴役人的手段，而成了解放人的手段。"① 因此"在共产主义社会里，任何人都没有特殊的活动范围，而是都可以在任何部门内发展，社会调节着整个社会生产，因而使我有可能随自己的兴趣今天干这事，明天干那事，上午打猎，下午捕鱼，傍晚从事畜牧，晚饭后从事批判，这样就不会使我老是一个猎人、渔夫、牧人或批判者。"② 显然，人的自由全面发展的现实性，是以"社会生活本质上是实践的"为依据的，即是说人的自由全面发展所依赖的社会条件将由人的实践活动所构成的历史造成，而人的实践活动则是以自由自觉的活动为特征的。

马克思说："一个种的全部特性、种的类特性就在于生命活动的性质，而人的类特性恰恰就是自由的自觉的活动。"③ 这也就是说，"自由自觉的活动"本是人的本性，但人的这种本性在不同历史阶段则有不同的表现和实现形式。"人猿相揖别"是一个历史过程，过程的始点是人的自由自觉活动。没有人的自由自觉活动，就没有"人猿相揖别"。因此可以说，"人猿相揖别"是人自由自觉活动的结果。"人猿揖别"之后的自由自觉活动受到限制，是一个无可争辩的事实。"人猿揖别"之后，人的自由自觉活动所受到的限制可以概括为两方面的制约：一是自然规律的制约，二是社会关系的制约。这两方面的制约使人的活动不像最初"人猿相揖别"时那么自由，却使人的自由自觉活动更为高级，更加具有丰富的内涵和意义。排除或减少这种制约，是"人猿揖别"之后人类历史活动的主题和内容。而最终作为人的自由全面发展所依赖的条件——"每个人的自由发展"，即每个人自由自觉活动的条件，只能由人的实践活动造成。所以，人的自由全面发展不仅具有现实性，而且正是这种现实性不断逼近理想性而使理想变成现实。现实性体现为人依靠自身的活动改造自身，但人的这种实践活动成功与否的标准则只能

---

① 《马克思恩格斯全集》第20卷，人民出版社1971年版，第318页。
② 《马克思恩格斯选集》第1卷，人民出版社1995年版，第85页。
③ 《马克思恩格斯全集》第42卷，人民出版社1979年版，第96页。

是人的自由全面发展。人的发展现实性和理想性的矛盾决定必须为人改造自身的活动设立成功与否的标准。这种标准也就是人之为人的标准。由于历史上的人性论将"善"确立为人的标准具有片面性和不合适性，所以还需确立科学的人之标准。马克思的人的自由全面发展理论，本质上也就属于为人性立法的理论。这一理论所确立的人之为人标准，不仅包含而且超越了以往人性论所提出的人之标准，是对人性发展方向的正确把握。

因为马克思主义人性论至今没有外在的系统性，更因为马克思主义人性论没有完全解答所有人性论的问题，所以人性问题在马克思主义人性论产生之后还是不断地被提了出来。

毛泽东在延安文艺座谈会上说："有没有人性这种东西？当然有的。但是只有具体的人性，没有抽象的人性。在阶级社会里就是只有带着阶级性的人性，而没有什么超阶级的人性。"[1]

读毛泽东这段论述可知：人性问题即使在身处抗日战争那样艰苦岁月的革命队伍中仍然存在，仍被提出，仍然需要回答。但是，那时候对于革命队伍来说毕竟还有着更为紧迫更为重要的问题需要讨论，因而不能花过多的时间深究，不能引导更多的人花更多精力去深究。但是，问题既已提出就不能不有所回答。

所以，毛泽东在做了上述回答之后还接着说道："我们主张无产阶级人性，人民大众的人性，而地主阶级资产阶级则主张地主阶级资产阶级人性，不过他们口头上不这样说，却说成为唯一的人性。有些小资产阶级知识分子所鼓吹的人性，也是脱离人民大众的，他们的所谓人性实质上是资产阶级的个人主义，因此在他们眼中，无产阶级的人性就不合于人性。"[2]

如果我们真正尊重历史，我们就可以说，上述毛泽东关于人性的谈

---

[1]《毛泽东选集》，人民出版社1995年版，第827页。
[2] 同上。

话，对于中国共产党，对于中国革命和建设，对于中国的文艺事业以及整个哲学社会科学理论，特别是对于人性论研究，都曾产生过积极的和消极的影响。所谓积极影响，就是指引着人们以阶级的观点看待人性问题，从而为解决文艺为谁服务，应当怎样写人性等问题，提供了正确的方向和指导。所谓消极影响，就是使人性论研究处于停滞不前的状态，满足于"只有具体的人性，没有抽象的人性"，"只有带着阶级性的人性，而没有超阶级的人性"，其结果是：人性问题仍然客观存在，仍然需要回答。

　　中国改革开放以后，人们把西方的非马克思主义人性理论拿来了。西方非马克思主义人性论的核心观点只有一个，那就是认为人性是自私的。或者说，自私是人的本质或本性。再换一个说法，就是"主观为自己，客观为他人"。此论对于用毛泽东人性论洗过脑的人来说有些别扭，对于没有或洗脑不彻底的人们来说则很是新鲜，结果很快流行。但流行的结果并不妙。久而久之，人民还是持怀疑态度。人的本性真是自私的吗？这样的怀疑在西方都导致学者去做实证研究。其实证研究的结果是，人的本性自私不能被证明。[①]为了解决问题，近年来，人们又在国学热潮中想到了春秋战国时期的诸子百家，结果谈论人性成为一种时尚。而人们的观点无非为三：一种是接过孟子的旗帜，认为人性本善，沿着孟子的思路寻找根据，结果仍然不能提出多少新东西，其观点、材料几乎都仍然是孟子谈过的那一套。另一种是接过荀子的旗帜，认为人性本恶，认为人的天性自私自利。这种沿着荀子的思路找理由的人性论研究，结果是超越不了荀子，所提出的新观点新材料也实在是不多。第三种则是从告子手中接过旗帜，认为人性无所谓善恶。学者鲍鹏山先生就是如此。他读孟子不服孟子，读荀子不服荀子，最后的结论是："人的正常欲求既可能是恶的萌蘖地，也可能是善的源泉。也就是说道德意

---

[①] 阮青松、余颖、黄向晖在《关于经济人假设的实验经济学研究综述》一文里说：近年来实验经济学对经济人假设做了多方面的研究，发现经济人假设与人们的真实行为模式存在系统偏差。详见《学术研究》2005年第4期。

义上的善与恶，具有同一土壤，那就是人性。所以，人性只有欲，而无道德意义上的善恶。人性属于自然的范畴，而善恶属于伦理范畴。""人性属于自然领域，道德属于社会领域。"① 显然，沿着告子的路线研究人性论最终还是不能完成人性论的任务。

所以，真正要完成人性论的任务，还是必须在人性论的研究领域坚持马克思主义。

---

① 鲍鹏山：《鲍鹏山新读诸子百家》，复旦出版社2009年版，第144页。

# 人的标准与人性论

树立人的标准，确立人之为人标准，是人性论的重要任务。人的标准为何，在根本上是由历史规定的。在阶级社会里，不同阶级的人的标准必有不同。在社会历史的不同阶段或不同时代，人的标准也会不同。春江水暖鸭先知。作为哲学的人性论总是以先知先觉者的姿态将人的标准应当为何提了出来，总是以为人性立法为己任树立人的标准。这一方面使历史上的各种人性论相互区别，另一方面则使历史规定人的标准过程包含有人性论的作用。因为不同人性论所主张的人之标准，本质上是对人类社会历史及其发展趋势的把握，所以就必有正确与错误的区分。

## 一

人性论之所以要以为人性立法为己任，之所以要树立人的标准，是由人性论的目的和功用决定的。

理论的目的是实践，理论是为取得实践成功服务的。没有正确的理论，就没有正确的实践。理论不科学不正确情况下的实践，即错误理论所指导的实践，是不可能取得成功的。理论不科学情况下的实践成功，其功劳不能归于不科学的理论。[①] 人性论的直接目的是正确认识人性，

---

① 没有认识自然就去改造自然，也会获得某种成功，但这种成功具有偶然性，如遇失败则是毁灭性的。——摘自柴静 2010 年 6 月 27 日主持的"面对面"节目。

正确认识人性的目的是改造人、发展人，是改造社会。所以，人性论的真正目的也是取得改造人、发展人的成功。正确认识人，正确认识人性，可有不同的含义，在不同学科、不同条件下，可有不同的理解和要求。正确认识人，正确认识人性，虽然要以实践为基础，但属于主观反映客观的过程，无需设立人的标准。改造人、发展人，必须通过实践完成，属于主观见之于客观的过程，需要建立人的标准。没有人的标准，改造人、发展人就没有目标，人们做人就将迷失方向，改造人、发展人的实践是否成功也就没有衡量标准。所以，人性论必须以正确确立人的标准为己任。而人的标准问题，也就是人之何以为人的问题。

人性论的功用也是认识人、改造人。人性论要为人们正确认识人、改造人提供科学的指导，发挥其应有的作用，就必须使自己科学。正确认识人必须通过改造人才能实现，改造人不能没有人的标准。因此，人性论要发挥自己的功用也必须树立人之为人的标准。正如孟子所说："不以规矩，不能成方圆。"[①] 人性论为人性立法，确立人之为人的标准，在根本上是为正确认识人、改造人、发展人服务的。

人性论要正确树立人的标准，必须坚持以下"四个必须"：

第一，必须以人与动物的区别为基点。人性论确立人之为人的标准，之所以必须以人与动物的区别为基点，是因为人与动物的共性不能作为人之为人的标准。人有欲，动物也有欲，有欲不能作为人的标准。人有食欲、性欲，动物也有食欲、性欲，以有食欲有性欲不能区分人和动物。人有能，动物也有能，有能不能作为人的标准。人有为，动物也有行为，有为不能作为人的标准。与禽兽同，不是人；近于禽兽，不是人；不如禽兽，更不是人。以人与动物区别为基点的人之标准，必然强调人之所欲不同于动物，人之所能不同于动物，人之所为不同于动物。无视人与动物的区别，看不到人与动物的区别，看不到人与动物的根本区别，就不能正确确立人的标准，也就不能完成为人性立法的任务。

第二，必须正确认识人性问题的两个基本面。人性问题有两个基本

---

① 杨伯峻、杨逢彬：《孟子译注》，中华书局1980年版，第115页。

方面，一是人何以如此，二是人应当怎样。"人何以如此"，是历史和现实造成的。人与动物的区别，人与人的区别，都是随着社会历史前进逐渐扩大的，因此是必然。"人应当怎样"，既指向当下更指向未来，因此，"人应当怎样"是应然。人性是必然和应然的统一。正确认识人性，如仅理解为客观描述人之属性，则贵在求真；如被理解为对人性必然和应然的把握，则是求真和求善的统一。人何以如此，以人与动物的区别为基点；人应当怎样，也以人与动物的区别为基点。因此，人与动物的区别是人性论认识必然、把握应然的结合点。

第三，必须以提升人、发展人为目的。每一时代的人性论，都是为现实社会和未来社会服务的，即是为提升人、改造人、发展人服务的。人类社会历史表明，人与动物的区别进一步扩大，是人性发展的走向和发展趋势。人性论要完成自己的使命，就必须看到人的发展前景，看到人性发展的未来走向。看不到人的发展前景，不能正确认识人性未来走向的人性论，不能正确确立人之为人的标准。因此，人性论确立人之标准的时候，就必须对人性的未来走向有所探讨。而把握人性的未来走向是以对历史和现实的正确把握为基础的。

第四，必须着眼人与自然和人与人的关系处理。现实的人，即活生生的人，不仅要处理好人与自然的关系，实现人与自然的和谐，而且要处理好人与人的关系，实现人与人的和谐。人类是以物质资料生产求生存求发展的，这决定必须处理好人与自然的关系。每个人都要面对的生老病死，这本质上也属于面对大自然的挑战，因而属于自然科学的范畴；每个人都要面对的人与人的关系，则属于社会科学范畴。作为哲学的人性论，是为人类正确处理人与自然的关系和人与人的关系服务的。因此，人性论通过正确树立人之为人的标准以求人与自然的和谐和人与人的和谐，是其必然且明智的选择。当今时代人们所求的生态文明，属于人与自然的关系。物质文明建设，作为物质资料生产过程及财富的增长，是以人与自然和谐为基础的，因而可说属于生态文明范畴。物质文明作为人的物质生活状态和精神文明、政治文明的基础，则是属于社会文明范畴。生态文明、社会文明，都是现实人的活动结果，而人的不同活动则决定着它们的样式和状况。

## 二

历史上的人性论，都是以"善"为人之标准的。这决定历史上的人性论，作为人之标准的理论只具有伦理学的价值和意义。

中国先秦诸子人性论可以证明这一判断。孟子以"善"为人之标准，应当是无疑问的。老子主张"无为"，其"无为"不是不吃饭不睡觉不做事，而是吃饱饭睡好觉之后做好自己分内的事，这实际上是一个人之为人的标准。正因为老子认为这样的人才是人，所以在那天下大乱，既有许多挑战又有许多机会的时候，他出关走了，他之所以走，是因为他要坚守他的人的标准，他出走的意思是：你们这些不能称为人的人去争夺吧！庄子没有出走，但他的人之为人的标准是与老子相同的，或者说是近似的。老子庄子心目中的人，后人称为"真人"。所谓"真人"，其核心是不争利、不争名、不争权、不争物质生活享受的人，这种价值观对后世有很大影响。墨子主张"兼爱""非攻""节俭"等，都是对"善"的诠释。孔子讲"仁"，"仁者爱人"，"克己复礼为仁"等，也是对"善"的诠释。所谓"爱人"，其底线就是把人当人，不"爱人"的底线就是不把人当人。"克己复礼为仁"，意思是说，在那礼崩乐坏的时代，克制自己的所欲，为恢复礼制所规范的社会秩序做点什么，就是人。所以，孔子的人之标准还是"善"。韩非虽然主张人性本恶，但他并不主张人作恶，而是主张通过"法"即赏罚二柄来鼓励人们行善不作恶。所以，韩非的人之标准其实还是"善"。荀子有点特别，他一方面在道德领域将人的标准确定为"善"，另一方面又将人的标准确定为"善假于物"。这样判断的理由有三：第一，他仍然像孔孟一样，把人分为君子小人，但不推崇小人，而是推崇君子；第二，他认为"有义""无义"是人与禽兽的分野，人因有"义"而"最为天下贵"；第三，他写了《劝学》，他劝人学的目的就是要人为君子而不是做小人。他说："其义不可须臾舍也。为之，人也；舍之，禽兽也。"①同时他又说："君子生非异也，善假于物也。"② 这就把"善假于物"确认为君子应有特征了。而"善假于物"不是属于伦理范畴，而是属于知识能力的范畴，是属于生产力的范畴。所以荀子的思想深处是存在矛盾的。

西方古希腊哲学人性论，也可证明上述判断。德谟克利特的正义论，柏拉图的"真正完善的人"，亚里士多德的"中道"论，事实上都是以"善"为人之标准的。

文艺复兴后资产阶级人性论，本质上仍然属于抽象人性论，其人的标准也仍然可用一个"善"字来概括。如霍布斯认为"人对人是狼"，可谓典型的人性本恶论，但他同时也认为人可能超越这种状态，这表明在他的心目中还是以"善"为人的标准的。伏尔泰将社会公共利益作为道德评价标准，实际上也是以"善"为人之为人的标准。爱尔维修认为自私是人的本质，但又认为对自私必须加以限制，这实际上还是认为人之为人不能以自私为标准。康德的人性论、黑格尔的人性论，都是以"善"为人之标准的。总之，历史上的人性论，不论人们怎样评价，不论是被人称道还是被人唾弃，不论是被人判断为科学还是反动，事实上都有自己的人之为人的标准，都以这样或那样的方式倡导人们向善。

善，是与恶相对的。善的对立面是恶。没有恶就没有善，没有善也就没有恶。而且善恶标准是有阶级性时代性的。但是，无论什么时代，也不论哪个阶级，又总是可以善恶为人之标准的。这是因为现实的人的所欲所为总是可分善恶的。人的行为，甚至某些欲念，都是有是非善恶美丑之分的，而任何人并不是生来就是善人或恶人的，善人恶人都是一定社会条件下自主追求的结果。善人恶人固然与环境有关，但又都是自

---

① 《荀子·王道》，远方出版社2004年版。
② 《荀子·劝学》，远方出版社2004年版。

已做成的，所以每个人都有如何做人的问题，而如何做人必须解决标准问题，做人的标准可以具体化为具体行为规范，也可以具体化为评价欲念的尺度，归根到底无非是善恶两字。不论"善恶"的时代性阶级性如何，也不论"善恶"概念的内涵如何，以"善"为人的标准总是会对人们怎样做人产生引导、指导的作用。以"善"为人的标准，自然也就有了劝人行善不作恶的理由和根据，以"恶"为人的标准自然就失去了劝人行善的理由和根据，这正如孟子所言："教者必以正"；"言人之不善，当如后患何？"① 人性论作为一种理论，它所规定的人之标准，只要传播于社会就必然起着教师的作用，如果它所倡导的是善，就必然对人产生向善的引导作用，如果它所倡导的是恶，就必然对人产生向恶的引导作用。显然，人性论作为人的教师，是必须起引导人们向善的作用的，否则它就失去了存在的根据和价值。

## 三

马克思主义人性论作为确立人之标准的理论，即是马克思主义的人的自由全面发展理论。这一理论将人的自由全面发展确立为人之标准，不再仅以"善"作为人的标准，但又包含着善的标准，因而超越了以往的人性论，使人性论真正具有哲学的意义。其主要内容有：

第一，科学规定了"自由发展"的含义。所谓自由发展，是人对自身发展的自觉、自愿、自主追求的实现。活动是人的存在方式和发展方式。马克思说："一个种的全部特性、种的类特性就在于生命活动的性质，而人的类特性恰恰就是自由的自觉的活动。"② 人的自由自觉活动，就是实践活动，即是人的有目的有意识的改造自然、改造社会和改变自身的活动。实践活动是人生存发展的基础，是人的生命之根和立命

---

① 杨伯峻、杨逢彬：《孟子译注》，中华书局1980年版，第129页。
② 《马克思恩格斯全集》第42卷，人民出版社1979年版。

之本，是人的自我表现、自我肯定的形式，是人的自由发展的必经途径。人的自由发展只能通过实践实现，人的自由发展也就只能是实践活动的自由。实践活动的自由，以把握并遵循客观规律为前提，是把握并遵循客观规律基础上的自由、自觉、自主活动。自由是相对必然而言的，是把握必然基础上的自主活动。人在尚未认识客观规律之前，客观规律必然作为一种异己力量统治着人，人的行动也就必然受着盲目必然性的支配和束缚，当然没有自由。当人实现了对客观规律的把握并且运用客观规律为自己服务的时候，就获得了自由。自由，其实是人的一种生活状态。在这种生活状态下，人并没有摆脱客观规律的制约，而只是由于已经认识并有效利用客观规律，从而使自己的行为具有这样的性质——不是盲目受制于客观世界，而是在自主自觉自愿地遵循客观规律基础上进行活动。正因为人不能摆脱客观规律的制约，所以人的自由就不是随心所欲，而是一种自觉遵循客观规律的自主活动。这使人的自由是有范围有限度的。正如恩格斯所指出的那样：所谓"意志自由只是借助于对事物的认识来作出决定的能力。因此，人对一定问题的判断越是自由，这个判断的内容所具有的必然性就越大；而犹豫不决是以不知为基础的，它看来好像是在许多不同的和互相矛盾的可能的决定中任意进行选择，但恰好证明它的不自由，证明它被正好应该由它支配的对象所支配。因此，自由就在于根据对自然界的必然性的认识来支配我们自己和外部自然。"[①]

　　支配人类生活的客观规律无非两种：自然规律和社会规律。因此，人的自由是科学认识自然规律和社会规律基础上的自由。1998年我国人民抗洪胜利，属于科学认识自然规律和社会规律基础上的自由。2008年四川地震所造成的灾难，2010年青海玉树地震所造成的灾难，则表明我们还没有认识地震发生的规律，因而面对地震这种自然现象，就还没有获得应该获得的自由。社会规律是社会历史发展的必然性，改造社会的每一胜利都是以正确认识社会发展规律为前提的，因而改造社会的

---

① 《马克思恩格斯选集》第3卷，人民出版社1995年版，第455~456页。

每一胜利都是获得自由的表现。相反，改造社会的每一失败，都是未能正确认识社会发展规律或违背社会发展规律的结果，这种失败所体现的不是自由，而是被社会规律奴役，是社会规律面前的无可奈何。人对社会规律的正确认识体现为哲学、社会科学的进步；人对社会规律的把握体现为社会制度的建立、废除和创新。各种社会科学理论作为人类社会文化的主体和核心，则是为把握社会规律服务的，其服务的中介则是社会制度建设。而社会制度把握社会规律的程度，则在根本上决定着人在社会上的自由程度。人的这种自由程度，作为个人的生活状态，大体上可分为两种情况：享有支配、统治他人的随心所欲的自由的同时却时刻担心着权力地位被人剥夺；被人支配、统治的同时却在一定范围内享有行动的自主和自由。这两种截然不同的生活状态，作为人类社会历史的发展过程，可以划分为两个阶段：人对人的依赖关系占统治地位的阶段；以对物的依赖关系为基础的个人独立性开始产生的阶段。原始社会末期前的人类社会的特点是，任何个人都直接依赖一定的社会共同体（如原始氏族部落）而生活，因而个人没有独立性。但是，这种没有独立性的境况对每个人来说都是一样的，因而人与人在这方面是没有任何区别的。原始社会末期，财产私有制使拥有财产者的个人独立性开始萌发，同时也使人对人的依赖关系开始产生。人类社会进入阶级社会之后，奴隶制使奴隶成为"会说话的工具"，奴隶主可以按照其意志对奴隶予以自由处置：使用、买卖、残杀。在奴隶制社会，奴隶根本不具独立性。封建社会，在农民对地主，学徒对师傅，子女对父母，妻子对丈夫，臣子对皇帝等关系中，普遍存在着人身依附关系，人的独立性和发展受到严重压抑和扭曲。资本主义社会，是以对物的依赖关系为基础的个人独立性开始产生的阶段。资本主义生产方式使自然经济被普遍的商品经济代替，从而使人成为独立的商品生产者，它不仅使资本家成为社会生产中的独立主体，同时也使雇佣工人成为拥有劳动力这一特殊商品的所有者从而在与资本家的交换中获得形式上独立的主体地位。资本主义生产方式打破了人对人的依赖关系，使人从人身依附关系中获得解放，但同时又使普遍的物质交换关系成为必然，使人与人的关系变成商品关系、金钱关系。因此，在资本主义社会，人仍然被统治着，人被物统治着，人被金钱统治着；人被物统治、人被金钱统治的实质是人被人统治，即穷人被富人统治。这使任何人的生活状态都是直接取决于是否有钱。所谓个人自由或者随心所欲，也就是以有钱为前提的自由。因此，生活在资本主义社会的人仍然是不自由的。在社会主义社会，实践活动的自由，仍然要受到没有认识清楚的自然规律和社会规律的限制。即使到了共产主义社会，实践活动的自由也仍然会要受到未认识的自然规律的限制。但自由发展作为人的标准，作为人之为人的规定性，则比"善"作为人之标准具有超越性，它将引导人们朝着正确的方向发展，从而推动人的发展和进步。

第二，科学规定了人的发展目标和方向。马克思主义所讲的"人的自由发展"，作为人的自觉、自愿、自主发展，是人的发展的一种状态，其实现受着社会历史条件的制约，因而可以视为人的发展目标和方向。马克思主义所讲的"人的全面发展"，同样是人的发展的一种状态，其实现同样受社会历史条件制约，因而也是属于人的发展目标和方向。"自由发展"的含义已经前述，下面着重谈谈人的"全面发展"。

人的全面发展，在内容上是人的需要和能力的全面发展。人的需要即人之所欲，是人的生存发展及价值实现的要求，它不仅表现为要吃要喝，还表现为改造自然、改造社会以及改造自身活动的自觉，它是人进行各种活动的直接动力。"任何人如果不同时为了自己的某种需要和为了这种需要的器官而做事，他就什么也不能做。"[①] 人的能力，是实现需要的手段，是主客体关系得以建立的必要条件之一，它是一个由多种因素有机结合而形成的复杂系统，它是在社会实践活动中形成并通过社会实践表现出来的。人的需要全面发展意味人之所欲随着实践广度和深度的发展而不断提升和丰富，其最低层次需要的满足虽然是"自由个性"发展的前提，但绝不是限于最低层次欲求的满足，即使在最低层

---

① 《马克思恩格斯全集》第3卷，人民出版社1960年版，第286页。

次需要不能满足的时候，人也有着高层次的欲求。人的能力的全面发展意味人发展自己的一切能力，即全面发展自己的体力和智力、自然力和社会力、潜力和现实能力等。因此，人的全面发展是以人的实践活动为根据和基础的。

人的全面发展，作为目标和结果，不是人的片面发展，不是人的畸形发展，而是德智体等方面和谐全面发展。人的全面发展，首先是人有健康的身体，这表征为身体健壮、疾病减少和寿命延长。为此需要健康的物质生活和精神生活，需要人在生活中把握实现身心健康的规律，拥有预防各种疾病（含精神疾病）的知识和能力。人的全面发展，除身心健康外，还指人的智力、才能以及精神品质的发展。人的这方面发展，其表征有三：一是人的智力得到充分开发，即智商达到一定历史条件制约的正常水平，这要求实现一定历史条件下的优生优育并接受科学的教育训练；二是掌握一定的自然科学和社会科学的知识并具有一定社会历史阶段要求必须具有的各方面能力，这要求人接受能够使其才能得到充分发展的科学的教育训练，并且平等地享有形成、提升能力的各种锻炼机会，因为才能的形成和发展都是以实践活动为基础的；三是具有识别是非善恶美丑的辨别能力，具有践行善的意愿和坚强的意志，并且能时常反省自己的言行举止，其表征是已经确立与一定社会历史阶段的主流文化相一致的世界观、人生观和价值观，因而其言行举止具有真善美的特征。显然，人的发展作为全面发展，不是无个性的千篇一律，不是千人一面，不是一个模式下的标准化生产，而是有个性特点的有特色特长的发展。这也就是说，人的全面发展不是"四肢发达，头脑简单"，而是"身体健壮，头脑好用"；不是"头脑发达，弱不禁风"，而是"头脑聪明，体格健康"；不是"才艺惊人，道德低下"，而是"德艺双馨"；不是"牛高马大，才不如人"，而是"身体发育良好，德高智高"。

人的全面发展，作为人之为人的标准，要求每个人实现多方面素质全面提升基础之上的有特长的发展，要求每个人确立科学的世界观、人生观和价值观,要求每个人具有多方面的知识,要求每个人具有比以往时代的人更强的劳动能力和处理人与人的关系的能力,要求每个人具有与时俱进的是非善恶美丑的分辨能力,要求每个人将劳动视为生活的第一需要而不是一种负担,要求每个人都深深认识到个体的创造性为整个人类社会谋福利的精神以及作出贡献的大小,才是真正衡量一个人的人生价值的尺度。以人的全面发展为人的标准,涵盖以往人性论的人之标准,但不再是只有一个"善"而已。这表明马克思主义的人性论所确立的人之标准,超越了以往人性论所确立的全部标准。马克思主义的人的标准理论,自提出以来已经对现实人追求自我发展产生了极其巨大的影响,它在今后还会产生更加巨大的影响。

第三,指明了实现人的自由全面发展的实现条件。马克思主义认为,人的自由发展是"每个人的全面自由发展"。每个人的自由发展,是一切人自由发展的条件。要实现人这样的自由发展,就不仅必须把握自然规律,从而获得对自然的自由,而且必须创造新的社会制度和文化条件消灭人对人的人身依附关系,消灭人对物的依赖关系,从而获得人对社会的自由。为实现"每个人的全面自由发展"这个目标,马克思主义指明了实现的现实途径,这就是:废除资本主义制度,创立共产主义制度,大力发展科学技术,使社会生产科学发展、持续发展,使物质财富的源泉充分涌流;在这样的基础上实现共产主义的"各尽所能,按需分配",使每个人获得自由、平等地全面发展自己的物质生活条件。所谓共产主义,"将是这样一个联合体,在那里,每个人的自由发展是一切人的自由发展的条件。"①

共产主义,即"每个人的全面自由发展"的社会条件,不是思想家的虚构,而是在对历史发展规律科学深刻把握的基础上提出来的。其依据之一,在于"人猿揖别"之后,人无论作为类还是作为个体的发展,都表现出自主追求的特征,虽然人自身发展的自主追求总是受到自然和社会历史条件的制约,因而有时候仅仅表现为为维持生存而进行的

---

① 《马克思恩格斯选集》第1卷,人民出版社1995年版,第273页。

活动，但超越生存的发展追求却一刻不曾停止。人不仅追求过上丰富的物质生活和精神生活，而且追求着过上自主自由的物质生活和精神生活。人不仅追求过上幸福生活，而且追求以个性自由为特征的发展。人的这种追求，本质上是对活动自由的追求。而活动自由的追求，本质则是以求知欲、创造欲、超越欲的满足以及精神愉悦为主旨的发展。总之，每一历史阶段的"现实人"总是在那一定的客观条件下最大限度地追求发展自己。人的这种发展自己的追求，既是社会基本矛盾的原因，同时也是社会基本矛盾的表现，它与社会基本矛盾一起共同构成社会历史发展的不竭动力，而共产主义则是社会历史发展的必然。

关于马克思把握历史发展规律从而对人的自由全面发展实现条件的承诺，一直是有人持怀疑态度的。他们的理由主要是：资源有限，欲望无限。资源有限，是以物质欲望无限为前提的。如果物质欲望不是无限，则资源有限就不能成立。而"物质欲望无限"论则受到这样三个质疑：一是物欲存在生理上的边界，如人只有一个胃；二是物欲存在心理上的边界，如"边际效用递减"规律和马斯洛的需要理论所揭示的规律；三是物欲大小与社会制度安排存在关联性，如计划经济体制下的物欲不同于市场经济体制下的物欲。由于存在上述事实和经验，所以有学者认为，人们通常所说的"无限欲望"其实不是物欲，而是精神方面的欲求。而人的精神欲求同样是受制于社会制度和文化的。如果人们能接受这三个质疑，则其怀疑共产主义社会必然性的理由就是要动摇的。

# 正确认识人性的方法

人性论的任务，是正确认识人性，树立人的标准。树立人之标准属于价值论。价值论、价值观的科学性，在根本上是由社会历史规律决定的。正确认识现实人的人性，必须有科学的方法论。坚持辩证唯物主义的认识论和历史唯物主义基本原理，是正确认识现实人的人性的科学方法论。

一

所谓正确认识人性，就是要对活生生的人所具有的属性和特征完全彻底认识清楚。所谓活生生的人，也就是马克思讲的"现实人"。正确认识了现实人的属性和特征，也就正确认识了活生生的人。

马克思主义之前的人性论以及各种非马克思主义的人性论，之所以未能完成正确认识人性的任务，有历史原因，有哲学家的立场、方法的问题。

所谓历史原因，也就是历史局限。人都是生活在一定历史阶段的，因此任何人的思想都有其历史局限性。前人没有认识清楚的问题，后人可能更有条件认识清楚。承认历史局限，就不能苛刻要求古人。这是科学评价历史人物必须坚持的基本原则。

所谓立场问题，是指在阶级社会里每个人的认识都会受到所代表阶级的利益的制约，因而具有阶级局限性。人们因阶级局限而不可能做到客观地反映事物本来的面貌，也是可以原谅的。

所谓方法问题，是指人们认识事物所能达到的境界还要受到方法的制约。从认识论的角度看，每一历史阶段的人都不可能穷尽真理，这是认识的局限。但是，同一历史阶段的人因方法科学却可以达到比他人更高的境界。这说明科学的方法对于认识真理，是十分重要的。纵观历史上的人性论，我们可以发现其研究方法存在缺陷，是其不能达到应有成就的一个主要的根本性的原因。

马克思主义人性论之所以科学，其原因同样可以归结为历史原因、立场和方法的正确。所谓历史原因，就是马克思主义诞生时的历史条件比马克思主义前要好。历史进入工业文明时代，资本主义生产方式已经取得统治地位，无产阶级已经登上历史舞台，特别是开始于19世纪上半叶，以自然科学三大发现为标志的科学技术不断进步，为马克思主义人性论超越以往人性论提供了可遇不可求的历史条件。所谓立场正确，就是马克思主义者能够超越利益相关的局限性，能够超越阶级局限性，能够认识到无产阶级的解放与人类解放的一致性，而不再像以往人性论者特别是资产阶级人性论者那样打着自己的小算盘。所谓方法正确，就是马克思主义人性论是以辩证唯物主义和历史唯物主义为其理论基础的。历史条件，是不可选择的，立场、方法则是可以选择的。因此，从一定意义上可以说，马克思主义人性论的科学性在根本上是由其研究方法的正确所决定的。

## 二

马克思主义人性论认识人性的方法，可以归纳为：以人性是一种客观存在为基点和出发点，坚持辩证唯物主义的反映论和认识路线；反对只以抽象的"类本质"来说明人，但不反对寻求现实人的"类本质"，认为人的"类本质"即是人的"一般本性";遵循"劳动——社会——人"的路径分析人性和人的本质及原因,反对将人性和人的本质混为一谈,认为人性与人的本质既有联系更有区别,人的本质是"一切社会关系的总和"。

第一,人性是一种客观存在,正确认识人性必须强调人性的客观性。

人性论要实现正确认识人性,首先必须认识到人性是一种客观存在,对人的属性和特征只能有一说一,有二说二,既不无中生有,也不将有化无。

马克思主义哲学认为,任何事物,都是一个特殊的客观存在,都有其特有的性质（属性）和特征。认识事物,就是要认识事物的性质（属性）和特征。比如,火星是宇宙空间的一个特殊的客观存在。火星上有没有人?有没有水?这是人们认识火星属性时自然要提出的问题。火星上有人,我们才可说"火星人"存在;火星上没有人,我们只能说"火星人"不存在。火星上有水,我们才可以说火星上有水;火星上没有水,我们就只能说火星上没有水。事物的属性不能是主观赋予的,而只能是客观的存在。

在地球上,人是一种特殊的客观存在,人性作为人的性质和特征,也是一种特殊的客观存在。人性论的任务,就是要将人性这一特殊的客观存在认识清楚。显然,人性论要完成这一任务就必须遵循反映论,坚持从实际出发、实事求是的认识路线。

意识是客观存在的反映,概念、判断是从实践经验中产生的意识形式。正如马克思所说:"观念的东西不外是移入人的头脑并在人的头脑中改造过的物质的东西而已。"① 毛泽东说,先有事实后有概念。在中国传统哲学里,事实简称为"实",概念简称为"名"。"实"在先,"名"在后。"名"是"实"的反映。"名"正确反映"实",叫"名副其实"。"名"不正确反映"实",叫作"名不副实"。给客观存在的事

---

① 《马克思恩格斯选集》第2卷,人民出版社1972年版,第217页。

物或事物的属性恰当的"名",赋予旧"名"新内容或剔除其不符合事实的内涵,都是科学研究中经常运用的科学方法。就正确认识人性来说,同样必须坚持这样的科学方法。而坚持这一科学的方法,就必然承认这一事实:

迄今为止的考古发现证明,人类的历史至少已有200万年。人类何时开始认识自己,何时提出人性问题,是我们不知道的。但可以肯定的是,人和人性这种特殊的客观存在,在时间上是先于人性概念的。如果我们以"人性"这个词的产生为标志,则"人性"为何的问题就才提出几千年,而人类已经存在200万年了。"人性"这个概念,应当是对已经存在200万年的人性这种客观存在的主观反映。

但是,反映存在正确或错误的问题。毛泽东说:"'实事'就是客观存在着的一切事物,'是'就是客观事物的内部联系,即规律性,'求'就是我们去研究。"[1] 就正确认识人性来说,所谓"实事",就是客观的人性,人们求到的"是",则只能以概念、判断为基本的存在形式。因此,人性论的任务可以归结为把"人性"这个概念搞正确。已故著名社会学家费孝通先生说:"一切概念都是从历史的经验里总结出来的"。[2] "历史的经验"总是含有正确和错误的成分,"总结"历史的经验就总是含有保留正确的成分和剔除错误成分这样两个方面。因此,人性论作为科学研究也总是要做这两个方面的工作。

第二,人性是一种特殊的客观存在,正确认识人性必须着重认识人与动物的区别,这要求坚持唯物辩证法。

辩证法是关于事物相互区别相互联系的学说。坚持辩证法,就要认识到:任何事物,都不是孤立存在的,而是与其他事物相比较相区别相联系而存在的。认识事物就要认识事物与其他事物的联系和区别。只看到事物的联系看不到区别,或者只看到事物的共性看不到个性,都是错误的。反之亦然。

---

[1] 《毛泽东选集》第3卷,人民出版社1991年版,第801页。
[2] 费孝通:《社会调查自白》,上海知识出版社1985年版,第21页。

论人性：善恶并存　以善为主　>>>

　　人性，即人之性，是一种特殊的客观存在。犬性，即犬之性，也是一种特殊的客观存在。牛性，即牛之性，又是一种特殊的客观客观存在。人之性、犬之性、牛之性，虽然同是客观存在，但它们是不同的客观存在。换言之，人性与动物性，虽然同是客观存在，但二者是不同的客观存在。人性与动物性作为客观存在，是既有联系更有区别的客观存在。人性论的任务，就是要将人与动物、人性与动物性的联系和区别认识清楚。

　　区别人性与动物性，必须在人性论的研究中贯彻唯物辩证法的共性个性关系原理，将人与动物的共性和个性认识清楚。毛泽东在《矛盾论》里说，共性个性关系原理，是唯物辩证法的精髓，"不懂得它，就等于抛弃了辩证法。"① 寻找事物的共性并把握事物的个性，是任何科学研究都要运用的方法。人们认识任何事物，不外乎从两个方面入手，一是从事物的区别入手，把研究对象与其他事物的区别和联系搞清楚；二是从事物的共同特征入手，把研究对象与其他事物的共性和区别搞清楚。从事物的区别入手，也就是从个别到一般的方法。从个别到一般，是寻找共性的方法。从事物共同特征入手，也就是从一般到个别的方法。从一般到个别，是把握个性的方法。一项具体的研究工作，可以是单纯地寻找事物的共性，也可以是单纯地把握事物的个性。做任何一项具体的研究工作，可以先从个别到一般而后再从一般到个别，也可以先从一般到个别而后再从个别到一般。但是，作为整体性的科学研究却必须把这两个方面的研究有机地结合起来，而不能只做一个方面的研究。比如，我们的研究对象是铁，其研究方法就是将铁与铜、铝等进行比较，发现铁与铜、铝等的区别，同时对铁的各种存在形态（如生铁、熟铁、铁锈等）进行比较，概括出铁的共性（如化学分子式或铁的物理性质），进而建立起铁的概念。在这研究中，我们把从一般到个别和从个别到一般结合起来了。坚持共性与个性关系原理研究人性问题，就要看到人与动物存在共性的同时也看到人（类）的特殊性，在把握人

---

　　① 《毛泽东选集》第1卷，人民出版社1996年版，第295页。

（类）的特殊性（个性）的同时看到人与动物的共性。坚持共性个性关系原理研究人性问题，自然就会看到这样的事实：人与动物既有共性更有区别。正因为人与动物存在区别，所以才说人与动物是有区别的客观存在，所以才说人之性、犬之性、牛之性，是不同的客观存在。

"人是动物"和"人不是动物"，是两个不同的判断。"人是动物"——这一判断强调了人与动物的共性，却抹杀了人与动物的区别；"人不是动物"——这一判断强调了人与动物的区别，却又否认了人和动物的共性。所以，单以一个判断为前提的人性论难以正确认识人性。将这两个判断结合起来，则有一个新的判断："人既是动物又不是动物"。人性是一种与动物性相比较而存在的客观存在。人性概念，是一个与兽性相对的概念。所谓兽性，就是动物的属性和特征。所谓人性，就是人的属性和特征。人性概念不仅应当体现人与动物的共性，更要把握人与动物的区别。人性论如果只反映人与动物的共性而不反映人与动物的区别，是没有多大价值的。告子的人性论将人性归为食欲性欲，"人性只有欲"一说，荀子的人性本恶论等，都是抹杀人与动物区别的理论，都是存在片面性的错误人性理论。

人性论区分人性与动物性，正确反映人与动物的区别，还有角度、方法的不同。着重共性是一种方法，强调区别是另一种方法。就强调区别而言也可有不同方法，看到多方面区别是一种，将某些区别舍弃而强调一方面的区别也是一种。1943年，毛泽东在刘少奇给续范亭复信上的几段批语，对人与动物做了比较分析，但都是强调人与动物的根本区别。其中一段批语说："当作人的特点、特性、特征，只是一个人的社会性——人是社会的动物，自然性、动物性等等不是人的特性。人是动物，不是植物、矿物，这是无疑的、无问题的。人是什么一种动物，这就成为问题，几十万年直至资产阶级的费尔巴哈还解答得不正确，只待马克思才正确地答复了这个问题。即说人，它只有一种基本特性——社会性，不应说它有两种基本特性：一是动物性，一是社会性，这样说就不好了，就是二元论，实际就是唯心论。"①

第三，人性是一种客观具体，人性概念是一种思维具体，正确认识人性必须坚持从具体到抽象，再从抽象到具体的认识规律。

坚持辨证的唯物主义还必须认识到：任何具有相对独立性的事物都是客观的具体，而与之相应的概念则是思维的具体，正确认识事物就是要使思维的具体符合客观的具体。人、人性，都是客观的具体，人性概念则是思维的具体，人性概念必须真实反映人性这种客观的具体。

首先，要使人性概念这一思维的具体符合客观的具体，就必须认识到：人性这一客观的具体具有多方面的本质和属性。马克思指出："具体之所以具体，因为它是许多规定的综合，因而是多样性的统一。"②人性作为客观的具体，同样具有多方面的本质和属性。两千多年来的人性理论，除马克思主义人性论外，都是只看到人的某方面的本质或属性。告子的人性论，"人性只有欲"的理论都只认识到人有欲这一方面的本质或属性，并没有认识人的全部属性和本质，因而是没有完成认识人性的任务，所给出的人性概念就还不是正确反映人性这一客观具体的思维具体。

其次，要使人性概念这一思维的具体符合客观的具体，还必须认识到：人性这一客观的具体是发展变化的。毛泽东说："事物的历史是无穷的，事物与事物的相互关系是无穷的，因而其属性是无穷的。普通所谓'全面暴露'，实只其有限的一些部分、一些片段。"③因此，正确认识人和人性必须遵循"人的思想由现象到本质，由所谓初级的本质到二级的本质，这样不断地加深下去，以至无穷"④的规律。

所以，研究人性问题必须遵循从具体到抽象，再从抽象到具体的认识规律。否则，就不能真正建立起科学的人性概念。

那么，人性作为客观的具体是一种什么样的具体，人性作为思维具

---

① 《毛泽东文集》第3卷，人民出版社1996年版，第83页。
② 《马克思恩格斯选集》第2卷，人民出版社1972年版，第103页。
③ 《毛泽东文集》第3卷，人民出版社1996年版，第81页。
④ 《列宁全集》第38卷，人民出版社1959年版，第278页。

体应具有什么特征呢？人性作为客观的具体，是人与动物共性和区别的统一，同时也是所有人的共性和个性的统一。换言之，"人之区别于动物的特殊的内在的质的规定性"，一方面是指人与动物的区别，另一方面是指所有人的共性和个性的对立统一。就人与动物的区别来说，如果其区别是唯一的，则人性概念内涵所体现的区别也就应是唯一的，即只有一种规定性；如果人与动物的区别是多个或多方面的，则人性概念内涵所体现的区别也就应是多个或多方面的，即有多个或多方面的规定性。就所有人的共性来说，如果所有人的共性是唯一的，则人性概念所体现的人之共性也就应当是唯一的；如果所有人的共性是多个或多方面的，则人性概念内涵所体现的人之共性也就应当是多个或多方面的。这也就是说，一方面，人性概念的内涵应当是"人之区别于动物的特殊的内在的质的规定性"的全部，而不是一部分；应当是"人区别于动物的特殊的内在的质的规定性"的方方面面，而不是一个方面。要把"人区别于动物的特殊的内在的质的规定性"完全搞清楚，就必须把人与动物的区别完全搞清楚，就必须把人之性与动物性的区别完全搞清楚。如果我们仅把人与动物某方面的区别搞清楚了，将人性规定为这一方面的区别，就一定要犯片面性的错误。另一方面，人性概念应当是所有人的共性和个性的辩证统一，而不是仅仅反映共性却不反映个性的僵死概念。科学的概念，正如黑格尔所说的那样："不只是抽象的普遍，而且是自身体现着特殊、个体、个别东西的丰富性的这种普遍"。① 比如，西方学者曾将国家概念理解为土地、人口、主权三要素之和，这固然是抓住了所有国家的共性，却不能体现不同国家的个性。马克思主义将国家理解为"阶级矛盾不可调和的产物，是阶级统治的暴力工具"，就能实现国家共性和个性的对立统一，就能抓住所有国家共同本质的同时说明不同国家的个性。法律概念也是这样，将法律理解为统治阶级的意志的体现，既是抓住了法律的共性，又能体现不同国家不同时代法律的个性。当然，这仍然存在问题，因为法律不仅是统治阶级的意志的体

---

① 转引自《列宁全集》第38卷，人民出版社1959年版，第98页。

现，也不仅是经济关系的反映，法律还是人对自然规律和社会规律的反映和把握。

第四，人性是人类社会历史的产物，正确认识人性必须坚持历史唯物主义基本原理。

人性论要完成正确认识人性的任务，就必须认识到人与动物的区别原本是很小的，人与人的区别原本是很小的，人与动物的区别，人与人的区别，都是随着社会历史前进逐渐扩大的。因此，"人如此"是历史和现实造就的必然，"人何以如此"的原因只能到历史和现实里寻找。换言之，人性论没有历史眼光是不行的。没有历史眼光的人性论，不可能正确认识人性，也就最终不能认识人与动物的区别。所以，科学的人性论必须坚持历史唯物主义的基本原理。

以历史唯物主义基本原理为基础的人性论，至少应当看到以下事实并坚持以下观点：

人是从动物世界走出来的。人是由类人猿进化而来的。"几个石头磨过"，是人猿揖别的标志。类人猿是动物，类人猿所具有的属性属于动物属性。人性是人与动物的区别性。人的食欲性欲虽然是人的属性之一，但人的这个属性不能使人与动物区别开来。要论人性就要在承认人有食欲性欲的前提下，着重强调人与动物的区别。

人与动物的区别有多个方面。人之所欲、人之所能、人之所为，作为人性的三个方面不仅不同于动物，而且有一个起点和发展过程。毛泽东说："原始人与猴子的区别只在能否制造工具一点上。"[①] 这讲的还只是起点，还没有讲发展。要论发展，就不仅要论人之所欲、人之所能、人之所为这三个方面的发展，而且要论其原因，这就必须坚持下面的观点：

人性是人类社会历史赋予给人的。正如毛泽东所说："自从人脱离猴子那一天起，一切都是社会的，体质、聪明、本能一概是社会的，不能以在母腹中为先天，出生后才算后天。要说先天，那末，猴子是先

---

[①] 《毛泽东文集》第3卷，人民出版社1996年版，第83页。

天，整个人类是后天。拿体质来说，现在人的脑、手、五官，完全是在几十万年的劳动中改造过来了，带上社会性了，人的聪明与动物的聪明，人的本能与动物的本能，也完全两样了。"[1]

人类社会历史赋予人多方面属性的过程，是一个复杂的历史过程，其中物质资料生产作为"人的生产"发展过程起了根本性的作用，要论人性的生成发展就不能不论"人的生产"发展过程，而"人的生产"发展过程是社会基本矛盾不断发展的过程。在这个历史过程中，社会制度和文化，即所谓生产关系、上层建筑都是构成要素，都对人性的生成发展起了重要作用，而人的所欲所能所为都是在这个过程中不断发展着的。

---

[1]《毛泽东文集》第3卷，人民出版社1996年版，第83页。

# 人性概念内涵与"人性主体"界定

建立科学的人性理论，关键在人，核心是把人性概念搞清楚搞准确。人性论要把"人性"概念搞准确，除必须坚持辩证唯物主义的思想方法和历史唯物主义基本原理外，还必须遵守形式逻辑的规则，必须对"人性主体"加以界定。

一

人性论的核心之所以是人性概念是因为：概念是人类思维逻辑的"细胞"，是最基本的思维形式。概念是理论大厦的基石。概念有问题，理论必有问题。概念正确并不必定导致理论科学，但至少是为理论的科学性奠定了良好基础。人性理论要科学，就必须把人性概念搞清楚搞准确。

孔子说："名不正，则言不顺；言不顺，则事不成。"[①] 孔子所讲的"名"就是指概念，孔子所讲的"言"包括理论，孔子所讲的"事"是指实践。如果我们这样理解没有错，则孔子所讲的"名不正，则言不顺"的含义就是：概念不正确就不会有正确理论；"言不顺，则事不成"的含义就是：理论不正确就不可能取得实践的成功。孔子的"名不正，则言不顺；言不顺，则事不成"，事实上揭示了一条客观存在的

---

① 杨伯峻：《论语译注》，中华书局1980年版，第133～134页。

规律：研究理论必须科学地界定概念。正因为存在这个客观规律，所以各门科学都非常注重概念问题，都力图科学地界定学科的基本概念。人性论的研究不能例外。如果我们把人性概念的内涵搞清楚了，人性理论就有了良好的基础，也就完成了人性理论这座大厦建设的基础工程。

形式逻辑认为，任何概念都有内涵和外延。人性概念也不例外。在形式逻辑看来，概念的外延是指概念所反映对象的数目，对象数目多少就是概念的外延；概念的内涵是指概念所反映对象的共同属性。概念的外延越大，内涵就越贫乏；反之，概念的外延越小，则它的内涵就越丰富。人性概念是否科学，可从内涵和外延两个方面进行审视。告子说："食色，性也。"告子的这一理论使人性概念的内涵只有食欲性欲，因而是贫乏的。"人性只有欲"的观点同样使人性概念的内涵非常贫乏。"人之区别于动物的特殊的内在的质的规定性"作为人性概念的定义，则使人性概念的内涵丰富多了。但是，这一人性定义仍然存在外延不确定的缺点。为了认识这个问题，我们不妨从"人性"这个词谈起。

"人性"这个词的字面含义，是指人的性质（属性）和特征。人的属性和特征有哪些，自然就成为人们探讨的问题。而探讨人的属性有哪些可有不同的方法，不同的方法决定人性概念的内涵和外延。

在汉语里，"性"这个词除开众所周知的含义外，就是指事物的性质和特征。将"性"这个词加上别的词可以组成很多词语，如木性、水性、土性，弹性、刚性、柔性、脆性、韧性，狗性、牛性、人性、本性、天性、自然性、动物性、社会性等等。

"本性"一词是在"性"这个词前面加上"本"构成的。"本"是个多义词，有原本、本来、根本、基础、本质等含义。知道"本"的含义后，我们进而可知"本性"一词的含义有二：一指事物原本（本来）就有的性质和特征，二指事物的根本性质和特征，或事物的本质属性和特征。事物原本就有的性质和特征，也许就是事物的根本性质和特征，也许不是事物的根本性质和特征；也许就是事物的本质属性和特征，也许不是事物的本质属性和特征。反之，事物的本质属性和特征，也许是事物原本具有的属性和特征，也许不是事物原本具有的属性和特征。因此，事物原本（本来）就有的性质和特征与事物的根本性质和特征，或者与事物的本质属性和特征，是既有联系又有区别的概念。二者不能画等号，二者不能混淆。为把这二者区分清楚，汉语还创造了"天性"一词。所谓天性，也就是事物原本（本来）就具有的性质和特征。

有了"本性"这个概念之后，人们自然就把人性分为人的本性和非本性。有了天性这个概念以后，人们自然就把人性分为先天之性和后天之性（或称后天习得之性）。人性，是个大概念。人的本性、人的天性，是人性下面的小概念。人的本性与人的天性有区别，人的本性也许就是人的天性，也许不是人的天性，二者不能画等号。人性作为广义的人性，其内涵应当包括人的本性和天性，应当包括人的根本性质和非根本性质，应当包括人的本质属性和非本质属性，应当包括人的天性和后天习得之性。如果单论人的本性，其内涵也应是人的天性和根本性质（属性）之和。

人的自然性，是指人作为生物所具有的属性之和。饮食男女、肤色、生殖力等，属于人的自然性。因为人已经知道植物与动物的区别，所以又确切地将人的自然性归为动物性。人的生物性或动物性，是与生俱来的，因此"自然性"一词也就有着与"天性"一词相近的含义。但是，自然性与天性还是有区别的。自然性是与社会性相对的概念，自然性和社会性都是用来区分人的某些特性的。社会性的字面含义，是指人从社会获得的属性和特征。社会性一词的本意是强调人与动物有着根本性的区别，而且这种区别是来自于社会，而不是来自于自然，动物是没有社会性的，社会性只有人才有。

人们有了自然性、社会性的概念之后，自然就把人性分为自然性和社会性。狭义的人性可以只指人的社会性，不含人的自然性，也可只指人的自然性，不含人的社会性。狭义人性概念，也许需要，也许对不同学科有着重要意义，但它毕竟不是关于人的全部属性的全面认识。因此，广义人性概念不仅是需要的，而且是必需的。广义人性，是人之自然性和社会性之和。这表明，人性，一是人与动物相区别的概念，二是反映人的共性和个性相统一的概念。就人与动物的区别来说，既可包括人的天性和后天习得之性，也可包括人的本质属性和非本质属性，还可包括人的自然性和社会性；就人的共性和个性相统一来说，同样既可包括人的本性和非本性，也可包括人的天性和后天获得之性，还可包括人的自然性和社会性。总之，人性作为广义人性，其内涵应是人的全部属性之和。

人性作为人之全部属性之和，要全部反映，要全部认识清楚，既要把人与动物的所有区别搞清楚，又要把人的共性和个性统一起来，是非常困难的。这使人们想到了抓主要矛盾的方法。唯物辩证法认为，事物的性质往往由事物内部的主要矛盾或矛盾的主要方面决定。就研究人性而言，所谓抓主要矛盾就是要抓住人性中根本的本质的东西。

毛泽东说："当作人的特点、特性、特征，只是一个人的社会性——人是社会的动物，自然性、动物性等等不是人的特性。人是动物，不是植物、矿物，这是无疑的、无问题的。人是什么一种动物，这就成为问题，几十万年直至资产阶级的费尔巴哈还解答得不正确，只待马克思才正确地答复了这个问题。即说人，它只有一种基本特性——社会性，不应说它有两种特性，一是动物性，一是社会性，这样说就不好了，就是二元论，实际是唯心论。"① 显然，毛泽东这段关于人性的论述，就体现出一种界定人性概念内涵的方法。这种方法属于抓主要矛盾或矛盾主要方面的方法，这种方法将人的属性规定为人的社会性，将人的自然性、动物性从人性概念里排除出来，强调了人与动物的区别，其科学性明显。但是，运用这种方法所得到的人性概念，只是狭义的人性。

《新编汉语词典》关于人性词条的解释是：人性"是在一定社会制度和一定历史条件下形成的人的本性"。② 请注意，在这里编者就将人

---

① 《毛泽东文集》第3卷，人民出版社1996年版，第83页。
② 李国炎等编著：《新编汉语词典》，湖南出版社1988年版。

性中非本质属性舍去了,剩下的只是"一定社会制度和一定历史条件下形成的人的本性"。这样做也是属于抓主要矛盾或矛盾主要方面的方法,因而是正确的。但是,这样做还是有问题的。问题是什么呢?问题就是:人性概念所要反映的"一定社会制度和一定历史条件下形成的人的本性"到底是指什么,包括哪些内容?人性论必须对此做出回答。而回答这样的问题,又是属于解决人性概念的内涵和外延问题。

告子的人性论,人性只有欲的理论,只将人性规定为人有欲,虽然也具有狭义人性的特点,却明显缺乏科学性。人有欲,或者说人性就是人的食欲性欲,只是将人的某方面的自然属性规定为人性,还不是将人的全部自然属性规定为人性。因而缺乏全面性,具有片面性。片面性,也许具有深刻性。但是,片面性即使深刻,也不是真理的全面性。

人的本质是自私自利,"人对人是狼"的理论,以人天生有欲、天生具有安全需要、天生具有求生欲望因而具有避害本能为依据,将人的自然性直接规定为人的社会性,实质上则是对"市民社会"即资本主义社会所决定的人性的"单个人的直观",而不是对人的本质在其现实性上是一切社会关系总和的科学把握。因而,所构建的人性概念不仅是狭义的,而且是不科学的。

恩格斯曾说:"人来源于动物界这一事实已经决定人永远不能完全摆脱兽性,所以问题永远只能在于摆脱得多些或少些,在于兽性或人性的程度上的差异。"① 恩格斯这里所讲的"兽性"其实是指人的自然性,而人的自然性本身是无善无恶的。对人身上的"兽性"做出善恶判断,是为提升人发展人服务的。正因为有此目的,所以才有摆脱"兽性"多少的问题,才有兽性或人性在程度上的差异。恩格斯这段话给我们的启示是:也可以在不排除人的自然性的情况下界定人性概念的内涵和外延,而用此方法得出的人性概念,其内涵也就必定要比毛泽东的人性概念的内涵要丰富。这种包括人的自然性和社会性的人性,可称为广义的人性。

---

① 《马克思恩格斯选集》第3卷,人民出版社1976年版,第140页。

马克思在《资本论》里批判耶利米·边沁的"效用原则"时指出："假如我们想知道什么东西对狗有用，我们就必须探究狗的本性"；如果我们"想根据效用原则来评价人的一切行为、运动和关系等等，就首先要研究人的一般本性，然后再研究在每个时代历史地发生了变化的人的本性。"① 马克思在这里虽然没有对"人的一般本性"进行具体描述，却要求对人的"一般本性"及历史地变化进行研究。

马克思所讲的人的"一般本性"是指什么呢？笔者以为马克思所讲的人的"一般本性"就是人的"类本质"。所谓人的类本质，也就是所有人的共性。认识所有人的共同性，即认识人的"一般本性"或"类本质"，首先必须确认：人的"一般本性"作为"类本质"不是人和动物的共性。人和动物的共性是：都有欲、都有能、都有为。人与动物的区别是：人之所欲与动物所欲不同，人之所能与动物所能不同，人之所为与动物行为不同。人之所欲不同于动物，人对待所欲的态度不同于动物，人满足所欲的方式不同于动物；人之所能不同于动物，人之所能的产生和发展不同于动物；人之所为不同于动物，人之所为的发展不同于动物。这些共同构成人的属性和特征，共同构成人的"一般本性"或"类本质"。人有欲，只是人的"一般本性"或"类本质"的一个方面，不是人的"一般本性"或"类本质"的全部，甚至不是人的"一般本性"或"类本质"的主要方面或根本方面。人的"一般本性"或"类本质"，应当从人之所欲、人之所能、人之所为等方面进行考察。人的"一般本性"的历史变动性，同样应当从人之所欲的变动、人之所能的变动、人之所为的变动等方面进行考察。人之所欲、人之所能、人之所为，也就构成为人的"一般本性"或"类本质"的全部，而决定它们的东西则是人类社会的全部历史，也就是那"一切社会关系的总和"。

人性善恶问题，是人性论的古老问题。将人的"一般本性"或"类本质"归结为人之所欲、所能、所为之后，善恶问题是否就不存在

---

① 马克思：《资本论》第1卷，人民出版社2004年版，第704页。

了呢？不！善恶问题仍然存在着。将人的本质归结为"一切社会关系总和"之后，或者将人性归结为人的社会性之后，人性善恶问题是否就不存在了呢？不！仍然存在着。古人论人性之善恶，性善论与性恶论的争论已经存在几千年，但是这种争论不是无聊的争论，不是毫无意义的争论。人性论的发展，必须采取扬弃的态度，而扬弃就必须将古人理论中的科学成分予以保留、发扬。

为了确认这些，我们还必须做一件工作，那就是对人性主体进行必要的界定。

## 二

人性，是人的属性，人是人性的主体。作为人性主体的"人"是什么概念？这个问题也就是"人性主体"的内涵和外延问题。换言之，人性是所有人的共同性，那么，这"所有人"是什么概念，这"所有人"是否应当包括"婴儿时期的人"和因先天原因或后天原因造成的"白痴"？"婴儿时期的人"和因先天原因或后天原因造成的"白痴"是不是人？对这样的问题，人性论必须给出回答。

"婴儿时期的人"和因先天原因或后天原因造成的"白痴"（如没有得到及时科学治疗的严重脑膜炎后遗症患者和处于发病时期的严重精神病患者），作为医学研究的对象，当然是人，作为人文关怀的对象，他们也是人。说"婴儿时期的人"是人，说因先天原因或后天原因造成的"白痴"是人，对于医学而言是一个正确的判断，对于经济学等学科而言也许是一个正确的判断，对于人性论来说则是一个错误的判断。

为什么这样说？因为医学的任务之一，就是要保证婴儿健康成长，就是要把白痴的原因搞清楚；而经济学是要论供给与需求的，婴儿和白痴都不能创造供给，但其所欲则是社会需求的构成部分。人性论的任务是要正确认识人性，不将婴儿和白痴从"人性主体"范畴排除出来是难以正确认识人性的。

人性论之所以必须将婴儿和白痴从"人性主体"范畴排除出来还因为：寻求所有人的共性是正确认识人性即认识"类本质"的一个方法，但运用此法如不将婴儿和白痴从"人性主体"范畴排除出来，就会像告子一样犯错误。告子认识人性的思路是抛开人与动物的区别，以"生之谓性"为前提寻找人的共性。他可能考虑过性善性恶问题，但婴儿、白痴既不能行善也不能作恶的事实使他觉得性善或性恶不是人之共性。他也可能考虑过"善假于物"问题，但婴儿、白痴不能善假于物的事实使他觉得"善假于物"也不是人的共性。他可能认为墨子可算"善假于物"之人，孔子、孟子则不能算。孔子虽然绝顶聪明却是"五谷不分"。孟子虽然聪明绝顶却一生没有在善假于物方面做出什么创造。所以，告子认为"善假于物"也不是人的共性。那么，什么是人之共性呢？告子想来想去，想到了食欲和性欲。他说："食色，性也。"① 意思是，只有食欲性欲才是人的共同属性和特征。而人的食欲性欲作为生理反应是无善无恶的，所以告子就认为人性没有善恶之分。告子找到了包括婴儿和白痴在内的所有人都有的一个共性，却把人与动物的区别抹杀了。好在这世界上除开告子以外还有一个孟子。孟子就看到了告子理论的缺陷，而他指出的方法则是："然则犬之性犹牛之性，牛之性犹人之性与？"② 面对孟子这一质问，告子地下有知也只能是无言以对。

那么，将婴儿和白痴从"人性主体"里排除出来有没有依据？我们认为是有依据的，其依据有以下：

第一，婴儿和白痴的性状与动物幼崽的性状没有本质区别，对其欲求和行为都不能做是非善恶评价。在欲求方面，婴儿除开要吃要喝要排泄要乐外，没有别的欲求。在所能方面，婴儿除去本能的反应能力外，

---

① 杨伯峻、杨逢彬注释：《孟子》，岳麓书社2000年版，第190页。
② 杨伯峻、杨逢彬注释：《孟子》，岳麓书社2000年版，第189页。

没有任何知识，没有任何能力。在所为方面，婴儿虽然也有某些行为，但其行为属于动物本能性行为，与人的行为相距甚远。因先天或后天原因造成的白痴，其性状与动物性状没有什么区别。孟子说："人之所以异于禽兽者几希"。[①] 婴儿和因先天或后天原因造成的白痴，与动物的区别真是"几希"，真是很小，甚至可以说没有本质区别。婴儿和白痴所表现的性状与动物性状的区别，人性论科学可以忽略不计。动物所欲所为，都是本能，对动物所欲所为不能做是非善恶评判，对动物所欲所为做善恶评价没有意义。婴儿和白痴的所欲所为，也是本能，对此也不能做是非善恶评判，对婴儿和白痴的所欲所为做善恶评价是一种错误。过了婴儿期的正常人却不同，正常人之所欲、所为，都是有是非善恶问题的，是必须进行善恶是非评判的。当然，正常人的食欲作为生理反应，与动物的食欲一样，是无善无恶的。动物食欲指向的对象是植物动物，人的食欲所指向的对象也是植物和动物，从这点来说，人与动物相同，因此说人的食欲无善无恶也能成立。但是，当人的食欲指向的对象是人所生产的产品时，就必有是非善恶问题了。正常人的性欲作为生理反应，与动物的性欲一样，是无所谓善恶的。动物的性欲所指向的对象是动物，因此动物性欲是无所谓善恶的。人的性欲所指向的对象只能是具体的人，因此人的性欲就必有是非善恶之分。人的利欲名欲，是社会制度和文化的产物，更是必有是非善恶之分。至于人之所欲满足过程、满足方式有是非善恶问题，那就更是无疑义的了。

第二，从人性生长形成的过程看，婴儿时期只是造成人性生长物质基础的重要阶段，而不是人性生长的决定性阶段。人的一生可以分为几个阶段，婴儿时期是一个阶段，幼儿时期是第二个阶段，少儿时期是第三阶段，青春时期是第四阶段，此后是第五阶段。婴儿时期是人的一个重要生长阶段，但这个阶段所起的作用，只是决定人作为生物或作为动物在身体发育特别是脑发育方面是否正常，从而为完成人的身体和机能与动物的身体和机能相互区别方面起着决定性的作用。这也就是说，婴

---

① 杨伯峻、杨逢彬注释：《孟子》，岳麓书社2000年版，第141页。

儿时期只是为人性生长提供物质基础的阶段。之所以要重视这个阶段，是因为这个阶段可以造成不同的物质基础。三鹿奶粉事件证明了这个判断。陕西凤翔县马道口村几百孩子铅中毒事件虽然证明人的幼儿时期、少儿时期仍然是决定人是否具有生长人性物质基础的重要阶段，但幼儿时期、少儿时期毕竟是人性开始生长、形成的阶段，幼儿少儿的某些行为也是不仅可做善恶评价而且必须做善恶评价的。事实上，人性是在"婴儿时期的人"这个物质基础上生长起来的。"婴儿时期的人"这个物质基础是很重要的，没有这个物质基础，或者这个物质基础不好，人性还是生长不出来。白痴、严重精神病患者的性状能够证明这一判断。

婴儿时期也许是人性生长的最初阶段，但绝不是最重要的阶段。幼儿时期、少儿时期，才是人性的播种阶段和生长阶段。人性的种子主要是在人生的幼儿、少儿阶段播下的。"三岁看老"的道理就在这里。青春时期，也是人性生长的重要阶段。青春期之所以重要，客观原因是少儿成长到青春期遇到了以前没有的问题，即人开始有了性的要求。性欲产生后，指向谁，如何面对，社会总是或明或暗地要求任何处于青春期的男女按照人的方式行为而不能按照动物的方式行为，这必然导致外在要求和内在要求的冲突，而冲突的结果无非是青春期男女或者按照人的方式行为或者按照动物的方式行为——人性善恶的一个方面也就在这个问题上得以产生。因此，青春期仍然是人性生长的一个重要阶段。正因为幼儿期、少儿期、青春期是人性生长的决定性阶段，所以对此三个时期的人之所欲、所为才有是非善恶美丑的评判。

第三，具有人性生长物质基础的人，如果离开人类社会的环境，是不能具有人的属性和特征的。印度狼孩的故事证明了这一点。因先天原因或后天原因造成的白痴，与弱智、智残或身体有其他缺陷的人（聋哑人）有着本质的区别。因先天原因或后天原因造成的白痴，与弱智、智残如何区别，是医学应当解决的问题，也是人性论应当研究的问题。因先天原因或后天原因造成的白痴，已基本失去人性生长的物质基础，无论怎样的后天环境和教育都难以使其开出善或恶的花朵。近年媒体报道的许多案例表明，对弱智、智残者给予良好的科学的教育，可以开出善的花朵。这一方面说明，白痴与弱智、智残存在本质区别，另一方面则说明人性生长是依靠后天环境和教育的。现代社会的许多事实表明，许多被称为白痴的弱智、智残者并非真的白痴，他们应当从白痴里排除出来。这也就是说，被称为白痴的人中，确有一部分已经基本甚至完全失去生长人性的物质基础，但也一定还有一部分并未失去生长人性的物质基础。对后者而言，即对并未失去生长人性物质基础的弱智、智残者而言，后天的不正确不科学教育则是导致开出恶花的原因。换言之，如果不能生长人性的土壤——因先天或后天原因造成的白痴确实真实存在，则这部分人也应当排除在人性主体之外。

人性论将婴儿和白痴排除在"人性主体"之外后，自然就可得出这样一个结论：所谓人，即作为人性主体的人，是具有生长人性物质基础的人；所谓人性，也就是具有生长人性物质基础的人所具有的属性和特征。不具有生长人性物质基础的人所具有的属性，不应归为人性。除婴儿和白痴外，所有正常人的所欲、所能、所为，就可论善恶了。

## 三

马克思主义人性论，是否是排除了婴儿和白痴的人性论？我们认为，马克思主义人性论是排除了婴儿和白痴的人性论。其根据有以下：

第一，马克思恩格斯所讲"现实人"，不包括婴儿和白痴。马克思恩格斯在《费尔巴哈》里多次声明他们所讲的人，即作为"人类历史的第一个前提"的人，是"现实的人"。马克思恩格斯说，这所谓"现实的人"，"无疑是有生命的个人的存在"，同时还是"从事实际活动的人"。这"现实的人"使自己与动物区别开来的第一步，是"自己已开始生产他们所必须的生活资料"，而后才是从事各种各样的"创造历史"的活动。因此，"人们为了能够'创造历史'，必须能够生活。但是为了生活，首先就需要衣、食、住以及其他东西。因此第一个历史活动就是生产满足这些需要的资料，即生产物质生活本身。"①

从马克思恩格斯的这些论述可知，所谓"现实的人"不仅具有要吃要穿要住的属性，即具有"有欲"的属性，而且同时是交往的主体，是"人的生产"的主体，是实践的主体，是社会生产力的重要构成要素，具有是非善恶辨别能力，因而也是行善作恶的主体。然而，不同学科观察到的、所关注的"现实的人"所具有的性质和特征，是可以有区别的。历史唯物主义所关注的，是全人类的解放；所要阐明的规律，是人类社会进步的基本规律，而人类社会进步是以"现实人"的"剩余劳动"的不断创造和累积为物质基础的。因此，历史唯物主义所讲的"现实人"不仅有饮食男女欲求，而且具有创造剩余劳动的能力。创造"剩余劳动"的"现实人"当然是不能包括婴儿和白痴的。马克思主义政治经济学，所研究的对象是经济关系，经济关系的主体是人，但这个人只能是"现实人"，因此这"现实人"也是不包括婴儿和白痴的。人性论的任务是正确认识人的属性和特征，是要确立人之为人的标准，因此人性论所讲的"现实的人"也是应当不包括婴儿和白痴的，而是指所有"具有生长人性物质基础"的正常人。

第二，马克思将"人的本质"归结为"一切社会关系的总和"。马克思说："人的本质并不是单个人所固有的抽象物。在其现实性上，它是一切社会关系的总和。"② 在这里，马克思没有用"人性"这个词，而是用"人的本质"。人性与"人的本质"是什么关系？笔者以为，"人性"可以包含"人的本质"，"人的本质"是人性中最根本最重要的东西。马克思把人的本质归结为"一切社会关系的总和"，抓住了人性中最根本性的东西，也就是抓住了人与动物的根本区别。"现实的人"固然首先必须吃、喝、住、穿，而后才能从事政治、宗教和哲学等等，但是人与动物的根本区别不在于饮食男女，而是在于以怎样的方

---

① 《马克思恩格斯选集》第1卷，人民出版社1972年版，第24~32页
② 《马克思恩格斯选集》第1卷，人民出版社1972年版，第18页

式解决人类的生存发展问题。因此，劳动即马克思所讲的"人的生产"以及由此产生的"一切社会关系的总和"，才是真正属于人之本性的本性，才是人与动物的根本区别所在。婴儿和白痴虽然有欲，却不是人与人的关系主体，他们的性状和行为是不受"一切社会关系的总和"影响的。

第三，马克思对"人的生产"与"动物的生产"做了区分。马克思说："人的生产"是"甚至不受肉体需要的支配也进行生产"的生产，"人的生产"使人"再生产整个自然界"，使一种新的支配人的力量即社会关系产生，进而也就使得包含人的本质的"人性"只能由"社会关系的总和"来决定。这也就是说，人性是来源于或者说根源于"人的生产"的，正是"人的生产"决定人性必然地生长出来。"人的生产"与劳动，在一定语境里，是同义语。恩格斯说：劳动"是整个人类生活的第一个基本条件"，人的"手不仅是劳动的器官，它还是劳动的产物"，因此是"劳动创造了人本身"。既然人本身、人之手都是劳动的产物，那么，人性也就必然是劳动的产物。人之所以为人，确实就在劳动。离开劳动，人类不能正确认识自己，也就不能正确认识人性。

第四，马克思将"人的生产"所派生（决定）的人性归结为"一切社会关系的总和"，科学而又巧妙地解决了人性论历史上的善恶之争。在马克思恩格斯看来，人的行为所体现的善恶，是由"一切社会关系的总和"决定的。这不仅使善恶标准具有客观性和主观性，还使善恶标准具有历史性、阶级性、时代性和可变性。在善恶并存的社会里，人的行为并非一定善或一定恶，也非无善无恶，而是善恶并存的。因此，人性既非本善也非本恶，而是善恶并存的。只有当"一切社会关系的总和"发展到一定的历史阶段，人的行为才会没有过去、今天的善恶之分，但仍然会有将来的善恶之分或未来的是非美丑之分。

## 四

马克思主义人性论之前的人性论,没有将婴儿和白痴排除在"人性主体"之外。拿中国先秦诸子来说,告子就没有排除婴儿和白痴。孟子的人性论也没有排除婴儿和白痴。孟子的人性论以人与动物存在区别为前提,并且认为人之为人的标准是"善",但孟子没有将婴儿和白痴排除在"人性主体"之外,正因此孟子就不能正确认识人性的来源和本质。孟子说:"人之所以异于禽兽者几希"。孟子提出人之异于禽兽这个问题,是很了不得的贡献。但人之异于禽兽"几希"的结论却存在问题。"几希"的意思不是几点,也不是几个、几方面,而是"那么一点点"。"几希",说明孟子既看到了人与动物的区别,同时也看到了人与动物的共性。孟子这个说法与孔子的观点相似。孔子的观点是"性相近,习相远"。孔孟的观点既有正确成分也有错误成分。之所以有正确成分,是因为他们意识到正常人在婴儿时代确实与动物的区别不大,甚至可以说几乎没有。之所以说有错误成分,是因为人与动物的区别其实大得很,人与动物的区别不是"几希"而是不少、不小。人与动物的区别是什么呢?孟子的答案是三个字:人性善。人性善的根据是什么呢?孟子认为是人有"四端"。所谓"四端",就是人有恻隐之心、是非之心、羞恶之心、辞让之心。这"四端"是很伟大的东西,动物哪有呀!人有善行,动物没有善行。这确实是人与动物的一个根本区别。但是,孟子的这个"四端"理论却犯了两个错误:第一,人的"四端"即使解释为人的向善性,也不是生来就有的,而是后天获得的,婴儿、白痴就没有"四端",婴儿、白痴的"心"及行为都是无善无恶的,不能将婴儿、白痴的欲求及行为断定为善或恶,也不能将正常人所具有的食欲性欲确认为善或恶。第二,正常人的"心"和行为是有善有恶的,是善恶并存的。人不仅有恻隐之心、羞恶之心、辞让之心，还有嫉妒之心、争夺之心、幸灾乐祸之心。孟子只讲一个方面不讲另一方面，只承认一方面不承认另一方面，是不符合事实的。孟子之所以犯这样的错误就是因为他没有将婴儿从"人性主体"排除出来，并且认为婴儿"心"是善的。如果他将婴儿排除在"人性主体"之外，就不会认为人性本善。

　　荀子主张人性恶，也是没有排除婴儿和白痴的结果。荀子的人性论，是很有意思的。一方面，他将人与动物的区别归结为三点：一是人"有义"，二是人"善假于物"，三是人"能群"。这三点都排除了婴儿和白痴。另一方面，他将人性归结为恶时，又没有排除婴儿和白痴。荀子为什么会创造一个矛盾体系呢？这原因很多，有立场问题，也有方法问题。荀子是唯物论者，但又不懂历史唯物主义。荀子论人与动物的区别时坚持了唯物论，论所有人的共同性时所运用的武器却是唯心史观。他要论人类社会为什么存在善恶并行的情况时，思想方法比较简单，那就是直接地干脆地将人有欲归结为恶。因为在他看来人之所欲，特别是食欲性欲是人类社会的恶源，所以他就把人性规定为恶。这与他不能排除婴儿和白痴有关。因为人"饥而欲食，寒而欲暖，劳而欲休"，所以当人要满足这些欲求时就会作恶。这种论证缺乏说服力。当人饥而欲食之食欲出现后，人的满足其食欲的行为既可指向自然，也可指向别人的饭碗，指向别人的饭碗当然是恶，指向自然却不一定恶。

　　至于西方非马克思主义人性论，也是没有排除婴儿和白痴的。

## 五

　　至此我们认为，整体上把握人性概念应注意以下几点：
　　第一，人性是人的属性之和。认识现实人的属性当然要承认人有欲、有能、有为这个基本事实，但更要认识人之所欲、人之所能、人之所为与动物所欲、所能、所为的区别，而不能满足于承认"人有欲"，更不能以人有欲为人的唯一属性。

第二，人性是人类社会历史的产物。认识人性不仅要认识人之所欲、人之所能、人之所为与动物所欲、所能、所为的区别，而且要认识造成人之所欲、人之所能、人之所为与动物所欲、所能、所为的区别的原因。而造成这种区别的原因既不是上帝，也不是人作为生物体固有的"基因"的自然生发，而是人类社会历史。因为人类社会历史发展的实质和根据是人类社会实践活动，所以可将人的第一特性归结为劳动（严格说是具有创造性的劳动）。

第三，人性在价值判断上的特征，是善恶并存以善为主的。不仅人之所欲、人之所能、人之所为是善恶并存的，而且就是人的劳动也是可分善恶的（如在一定条件下，创造性劳动才被确认为善）。合作、竞争，作为人的重要属性，也是存在善恶之分的。而决定人性善恶的原因则是马克思所讲的"一切社会关系的总和"。这"一切社会关系的总和"既是人性善恶的"种子"，同时也是种下人性善恶的"手"。

# 人之所欲与人性

有欲,是人的重要属性,但不是人的唯一属性,也不是人的根本属性。现实人的所欲是非常丰富的,是随着社会进步逐步增加的,也是可论善恶的。人之善恶不仅体现为所欲为何,而且体现为对待所欲的态度。

一

在汉语里,"欲"是个多义词,其含义有欲望、需要、想要、将要等。人之所欲作为人的需要,从不同角度可分为:物质生活需要和精神生活需要,生存需要和发展需要,客观需要和主观需要,个人需要和群体需要。按照马斯洛的需要理论,则可分为生理需要、安全需要、交往需要、尊重需要、自我实现需要、自我成就需要等层级。人之所欲作为人的欲望,是客观需要的主观反映,从不同角度也可做许多种分类,如食欲、性欲、物欲、情欲、乐欲、利欲、名欲、美欲、胜欲、安全欲、交往欲、权力欲、控制欲、求知欲、创造欲等。食欲性欲属于人的生理需要,安全欲即安全需要,交往欲即与人交往的需要,立功、立言、立德的欲望,则属于自我实现需要。群体需要(团体需要、集体需要、阶级需要、民族需要、国家需要、社会需要等)可以转化为个人需要。当人有为他人做点什么,为朋友做点什么,为集体做点什么,为家庭做点什么，为家族做点什么，为民族做点什么，为国家做点什么，为全人类全世界做点什么的想法时，也就有了自我实现的需要。此时，集体、家庭、家族、民族、国家的需要也就转变为个人需要了。列举这些事实和理论，就可看到人之所欲与动物所欲是存在区别的，而这些区别就体现人性与动物性的不同。

人之所欲，有先天后天之分。人一出生就有饮食的欲求。才出世几小时的婴儿就要吃，表示这一欲求的方法就是哭。据此说食欲属于人的先天属性，是没有错的。孟子说："鱼，我所欲也，熊掌亦我所欲也"。[①] 婴儿虽有食欲，却没有吃鱼、吃熊掌之欲。吃鱼、吃熊掌之欲是后天才产生的，是社会赋予人的。来到世间几天的婴儿，就有舒适的欲求，就有被爱抚的欲求。再大一点就有乐的欲求。据此认为乐欲属于人的先天属性，也是能够成立的。但是，婴儿虽有乐欲，却没有玩麻将下围棋的乐欲。弈棋等乐欲也是后天才产生的，是社会赋予人的。至于性欲，更是婴幼儿所没有的。性欲大概要到青春期才会产生。但是，正常婴儿正常度过幼儿期、少儿期来到青春期，其性欲也是一定会有的。据此认定性欲属于人的先天属性，也是能够成立的。

安全欲，是因存在并感觉不安全而产生的欲望。人来到世间时，其安全是自身无力解决的，当人意识到不安全时，安全需要、安全欲望就自然产生了。因此说安全欲是人的先天属性也是能够成立的。

交往欲，即与人交往的欲望，与乐欲有着内在联系，又不等于乐欲。说人先天就具有与人交往的欲求，也是能够成立的。

胜欲即求胜之欲，它最初包含在乐欲之中，后来才逐渐分离出来。观察婴儿，是很难看到其胜欲的。幼儿、少儿则明显表现出求胜之欲。认为人之胜欲属于人之天性，也许是能够成立的，但人之胜欲主要来自后天、来自社会。

美欲，即求美之欲。爱美之心，人皆有之。美欲，可分欣赏美、占有美和创造美。欣赏美可以只是看一看，只是听一听，与占有美是有区

---

[①] 杨伯峻、杨逢彬注释：《孟子》，岳麓书社2000年版，第198页。

别的。欣赏美的欲望，与乐欲有关联，但又不等于乐欲。欣赏美的欲望，也许是与生俱来的，是先天就有的，但其发展还是离不开后天。占有美的欲望，则无疑是来自后天的。因为"占有"这个词是与所有制有关的，没有所有制就不存在占有不占有的问题。创造美的欲望，是艺术的动力和源泉。因此，创造美的欲望又可归结为创造欲。创造美的欲望，个体的差异比较大，也许在人的天性中就有，但与社会赋予也是有内在联系的。

利欲，即求利之欲，它是在食欲、性欲、乐欲基础上发展而成的，与社会制度、文化教育有着深刻的内在的联系。"名"包括名誉和荣誉。名欲即对名声、荣誉的追求，名欲在一定社会制度和文化的背景下，是利欲的另一表达。利欲、名欲，都是后天的，都是社会赋予人的。

求知欲是对知识的追求。荀子说："凡以知，人之性也。"[①] 求知欲，可能也是人的先天性欲求之一，但其强弱则与后天的教育、社会制度等有着内在的深刻的联系，一定的教育制度和社会经济制度、政治制度和文化制度可使人的求知欲大为发展，反之则使人的求知欲被压抑。

创造欲，是决定人之为人的最重要属性。欧阳志远先生在《伪科学辨》一文中说："人之为人，有创造欲望，这是人和动物之间最根本的区别所在。"[②] 创新欲、创造欲，是个体进行创造的直接动力。社会需要必须转化为个体创新、创造的欲望，才能使人从事创新和创造的活动。在一定意义上可以说，创造欲是求知欲的最高表现形式，因此将其归结为求知欲也是可以的。但是，创造欲毕竟不同于求知欲，它的存在和发展同样与社会的教育及经济、政治文化制度有着深刻的内在联系。一定的社会制度和文化可以使人的创造欲充分展现，另一定的社会制度和文化则可以使人的创造欲被压抑而不能展现。创造欲，也许也是属于

---

[①] 《荀子·解蔽》，远方出版社2004年版。
[②] 欧阳志远：《伪科学辨》，载《新华文摘》2008年第8期。

人的天性之一。

除上述外，人之欲还有很多，如做事之欲。人吃饱了喝足了总要活动活动，总是要做点事情。孔子和孟子就都看到了人与动物的这一区别。孔子有言："饱食终日，无所用心，难矣哉！不有博弈者乎？为之，犹贤乎已。"① 孟子也有言："饱食、暖衣、逸居而无教，则近于禽兽。"② 因此说此欲是人的天性之一，可能也是能够成立的。做事，可以包含劳动，但不等于劳动。劳动有广义狭义之分。将山上的野果、蘑菇采摘下来，属于狭义的劳动。与制造工具、创造新事物相联系的劳动，则属于广义的劳动。因此，人的劳动之欲有时候是与创造欲相联系的。

人还有做人之欲，行义之欲，创业、守业之欲，改造社会之欲。这些欲都是社会赋予人的，是教化产生的结果。因后天教化而产生的欲求，与先天欲求是有区别的。人的食欲、性欲、乐欲等先天欲求虽然对类人猿进化为人，对人的发展，都起了非常重要的作用，但本身却不是人性与动物性的根本区别，倒是人的那些后天欲求更体现人性的光辉。告子将人性归结为人之食欲和性欲，他对人的后天之欲就只能视而不见了。

人之所欲不断扩展、不断发展，是人性生长的一个方面。但是，人之所欲的发展是在后天实现的，它不是人生来具有的食欲、性欲及其他欲求的自然而然的成长。人之所欲的发展，作为一个客观过程具有自然而然的特点，但是，这个"自然"过程是在社会中实现的，是以社会为条件的。印度狼孩的故事表明："婴儿时期的人"即使具有良好的生长人之所欲的物质基础，一旦离开人类社会，所生长的欲求就不是人之所欲，而是动物的欲求。因此，人之所欲作为人性之一，也不是纯粹天然的，而是社会赋予的。

人之所欲作为人的需要，可以分为客观需要和主观需要。所谓客观

---

① 杨伯峻：《论语译注》，中华书局1980年版，第189页。
② 杨伯峻、杨逢彬注释：《孟子》，岳麓书社2000年版，第198页。

需要，是指由人的生存发展所产生的需要，它包括人作为生物体的需要和因社会制度要求所产生的需要。饮食男女属于生物体需要。例如，远古时代的人是不穿衣服的，他们没有此需要，现在人必须穿衣，在一定场所必须西装革履等，可说是因社会制度要求而产生的需要。显然，这里所讲的人的客观需要也就不是表现为市场需求的那种需要，市场需求所包含的需要是人的客观需要和主观需要之和。主观需要可分为两种：一种是对客观需要的准确反映，它也就与客观需要等同。如饥而欲食之食欲，寒而欲暖之暖欲，劳而欲休之休欲等等。另一种是社会赋予人的主观需要，是人的主观能动性所产生的需要，如人们要吃熊掌鱼翅要穿"耐克"之欲等等，这种需要一般要大于人的客观需要，但也有小于人的客观需要的情况。例如，有人已经很苗条了，却总认为自己不够苗条，从而一日三顿节食，这种主观需要就会小于维持身体健康的客观需要。

## 二

人之所欲可分善恶，或者说，人之欲有正当与否的区别，但不能说人之所欲可以分为绝对不搭界的两部分：善欲和恶欲。善与恶，是人类社会创造的用来评价人之所欲及行为正当性的标准。善与恶，内含人之为人的标准。善与恶，是以人与动物的区别为前提的，其功用是推动社会进步和人的发展：它使人自觉追求并通过所欲所为使自己与动物区别开来；它使人自觉追求并通过所欲所为使自己与他人区别开来。

人之欲可分善恶以善恶标准存在为前提，没有善恶标准之前，人之欲是没有善恶之分的。善恶观念何时产生，我们难以确切知道，但我们可以断言：善恶观念一旦产生，则意味人已经意识到人与动物存在区别；已经确认动物所欲无善恶，婴儿白痴所欲无善恶，而人之所欲有善恶；已经确认动物所为无善恶，婴儿白痴所为无善恶，而人之所为有善恶。

　　动物对自己的欲求,是不做也不能做任何善恶评价的,人也就不能对动物的欲求做任何的善恶评价;婴儿和白痴对自己的欲求,是不做也不能做任何善恶评价的,我们也就不能对婴儿和白痴的欲求做任何的善恶评价。正常人则不同。人之所欲作为人的属性之一,是正常人的欲求。只有正常人的欲求才有是非善恶之分。所谓人的正常欲求,是正常人的正常欲求。所谓人的非正常欲求,是正常人的非正常欲求。有了这种区分之后,我们才能说,人的某些欲求是没有是非善恶之分的,但也有许多的欲求是存在善恶之分的。一般情况下,我们不能说,哪个人要吃饭错了,更不能说哪个人有结婚的念头错了,这说明人之所欲中存在没有善恶区别的东西。但是,我们不能说,任何人在任何时间任何地点的任何欲求,都是没有善恶之分的,更不能说任何人在任何时间任何地点的任何欲求都是善的。未满14岁的男子强奸妇女无罪,未满18岁的男子强奸妇女罪轻,30岁的男子强奸妇女是重罪——为什么要这样规定?他们的行为都是所"欲"推动的结果,但他们的所欲具有本质的区别。未满14岁的男子还是"孩子",他还处于社会化的起步阶段,其性欲还是属于"动物所欲"的范畴。18岁的男子、30岁的男子的性欲虽然是生物体的正常需要,但他们的这种欲求属于人之所欲范畴,而且他们是已经基本完成或已完成社会化进程的人,他们具有完全的责任能力,其强奸行为是在自知其所欲属于恶的情况下施行的,这也就是说,其恶劣的行为是由其恶劣的情欲推动的,因而是必须承担法律责任的。当然,这个例子所体现的善恶标准,即区分人之所欲和所为的标准,是人类社会创造的。人类社会创造这样的标准对于引导人做什么样的人是有重要意义的,从此可见善恶观念对于人类社会进步的巨大意义。

　　人的客观需要,包括人作为生物体的需要和社会制度、文化赋予的需要。人的客观需要中有一部分需要,属于生物体的需要。这一部分需要,也就是所谓生理反应,如饥而欲食之食欲,寒而欲暖之暖欲,劳而欲休之休欲，本身是不存在善恶问题的。但是，人的客观需要中还有一部分，是社会制度和文化赋予给人的，如西装革履、吃鱼翅熊掌燕窝等欲求，对这部分客观需要则是可做善恶分析的。主观需要，是客观需要的反映，主观需要是有善恶问题的。

　　人之所欲可分善恶还与欲求指向存在内在联系。比如，人的食欲作为生理反应，是无善无恶的，当人的食欲指向自然界的动物植物时，在一般情况下也是没有是非善恶问题的，但是，当人的食欲指向已经属于他人所有的食物时，就必有是非善恶问题了。人的性欲作为生理反应，也是没有善恶问题的，但是人的性欲指向具体人的时候，就有是非善恶问题了。人的乐欲作为身体健康的需要时，本身是没有善恶问题的，但人以他人的缺陷或特点取乐的时候，就必定是恶了。

　　恩格斯曾谈到恶劣的情欲。他说，所谓恶劣的情欲，就是贪欲和权势欲。世间既有恶劣的情欲，就必有善良的情欲。因此，同是利欲就有正当与否的区别，同是名欲也有正当与否的分野，同是胜欲也有正当不正当之分，同是权力欲也有正当与否的不同。之所以如此，是因为善与恶的标准，在不同社会制度下，在不同社会历史阶段是不同的，在同样的社会制度下也会因人的价值观不同而不同。正因此善恶标准就有了历史性和阶级性。在红楼梦时代，贾宝玉的性欲与焦大的性欲，就会有不同的善恶评价。在今天，四大国有银行的行长有年薪千万的欲求，会被某些人认同为正当欲求，但同时也会被大多数人认为是不当欲求；一个工人想年薪10万会被人视为正当欲求，但同时也会被某些人视为非分之想。在自然经济体制下，农民的欲求就是温饱，拥有一块自己享有所有权的土地虽然是每个农民的欲求，但是否正当还可能是仁者见仁，智者见智。"耕者有其田"，地主就不同意。耕者有其田，地主就不能衣租食税了。在供给制的体制下，人的欲求止于温饱，绝不会有做百万富翁的欲求。在市场经济体制下，人的欲求则有无止境的特点，人不仅想做百万富翁还想做亿万富翁，人不仅想有属于自己所有的住房还想拥有广厦千万间。当杜甫茅屋为秋风所破时，他有"安得广厦千万间，大庇天下寒士俱欢颜"的欲求。所谓欲求就是人的需要，人的需要不论为何，只有得到满足时，他的内心才会安宁。正因此，不同的人会有不同的欲求，不同的欲求也就是不同人的分野。人们常说，人的生命是最可宝贵的。人的生命只有一次。故孟子说："如使人之所欲莫甚于生，则凡可以得生者，何不用也？使人之所恶莫甚于死者，则凡可以辟患者，何不为也？"① 人们常说，好死不如赖活着。世界上也就有人为求生而不择手段，但也有人宁愿放弃生也不使用某些手段；世界上也就有人为逃避死亡而不择手段，但也有人宁愿死也不使用某些手段。伯夷叔齐就宁愿饿死也不食周粟，朱自清就宁愿挨饿也不领美国人的救济面粉。这说明在一些人那里还有比生更高的欲求。故孟子说："生亦我所欲也，义亦我所欲也；二者不可得兼，舍生取义者也。"② 西方人裴多菲有诗说："生命诚可贵，爱情价更高，若为自由故，二者皆可抛。"当然也就有人是："生命诚可贵，爱情价更高，若为爱情故，生命可以抛。"还有人则是："生命诚可贵，爱情价更高，若为金钱故，二者皆可抛。"这不同的价值观既体现人的欲求不同，同时也是人之所欲不同的重要原因。这不同的欲求，这不同的价值观，同样是人性的体现。

　　人们常说，每个人都有追求幸福的权利。"每个人都有追求幸福生活的权利"，作为肯定人之所欲的理论具有抽象性，它抹杀了人之所欲具有的是非善恶区别。事实上，幸福与人之所欲确有内在联系，人生是否幸福，不仅与所欲是否得到满足有关，而且与其所欲的性质有关，因为人们对幸福生活的理解是不同的。幸福，如果就是所欲都能得到满足而不论其所欲的性质，则所谓恶劣的情欲和善良的情欲就不存在了。因此，以每个人享有追求幸福的权利为理由来否定人之欲有善恶是非之分，是不能成立的。幸福与善恶是有内在联系的。"人不能把自己的幸福生活建立在他人的痛苦之上"——就揭示了幸福与善恶的内在联系。

---

① 杨伯峻、杨逢彬注释《孟子》，岳麓书社2000年版，第198页。
② 杨伯峻、杨逢彬注释《孟子》，岳麓书社2000年版，第198页。

因此，我们不能笼统地说人追求自己的幸福，追求自己欲望的满足，是善的。至于将这种有前提的幸福生活追求说成是无条件的抽象的幸福生活追求，并将其规定为"最大的善"，那就更是大错特错了。试想：如果所有人都是以满足自己欲求为唯一标准来衡量自己的行为，那么，人类社会与动物世界还有什么区别呢？

有学者说："人的正常欲求既可能是恶的萌蘖地，也可能是善的源泉。也就是说道德意义上的善与恶，具有同一土壤，那就是人性。所以，人性只有欲，而无道德意义上的善恶。人性属于自然的范畴，而善恶属于伦理范畴。"[①] "人性属于自然领域，道德属于社会领域。"[②] 这种观点是存在问题的。第一，何谓"人的正常欲求"？人的食欲性欲乐欲美欲胜欲，是不是正常欲求？人的利欲名欲权欲是不是正常欲求？正常欲求与正当欲求有没有区别？第二，"人性只有欲"把人之所能、人之所为等人的属性都排除在人性范畴之外，是科学的吗？第三，"人性只有欲，而无道德意义上的善恶"，这一说法能够成立吗？

## 三

人和动物相比，对待所欲有不同的态度，有不同的表现，有不同的行为。这也是人性的一个方面，是人性与动物性的一个重要区别。或者说，人和人相比，特别是正常人与婴儿、白痴相比，对待所欲有不同的态度，不同的表现，不同的行为，也是人性的重要表现，是人性与动物性的一个重要区别。

饥而欲食。饥，是动物和人都要面对的，是人和动物都有过的体验。饥饿时，人和动物却有不同的态度。饥而争食，饥而抢食，是动物的本性，是动物的天性，是动物的本能，也是动物的态度。人虽有饥而

---

[①] 鲍鹏山：《鲍鹏山新读诸子百家》，复旦出版社，2009年版。
[②] 鲍鹏山：《鲍鹏山新读诸子百家》，复旦出版社，2009年版。

争食之举，但也有饥而让食之行。融四岁，能让梨。孔融让梨的时候，也许不饥，也许已饥。不论饥与不饥，面对甘甜之梨，食欲总是有的。让是一种态度，能让是人性的体现，动物是不会让的。饲养动物的经验告诉我们，给动物食物之时，一群动物中如有一头"让"，那就表明那头动物已经患上比较严重的疾病了。"婴儿时期的人"也是没有让的，如果有"让"要么是其欲求已经满足，要么是婴儿生病了。所以笔者认为，饥而争食，体现人与动物的共性，表明人还没有完成进化。饥而让食，体现人之性已与动物不同，是人性的真正展现和提升。笔者有一个朋友，他是一家资产几千万的工厂（公司）老板。我们几次到他那里做客，他都要到酒店请吃饭。参加人员除我们三位外，还有他的妻子、岳父、岳母、内弟和女儿。在这种场合，他往往不喝酒。第一次举杯之后，他手中那双筷子就往往变成了公筷，他不停地给我们夹菜，给他岳父、岳母夹菜。有时候也给他的妻子、内弟、女儿夹菜。问他怎么不吃，他说他还不饿。有时候他还要劝他岳父加点酒，再多吃点菜。等我们大家喝够吃饱之后，他才"打扫战场"，结果则是一扫而光。这时我才感悟到：其实他早已饿了，其实他能吃，其实他在让——让我们吃好吃饱，其实他很注意场合，其实他很注意节约。

　　人和动物都有性欲。许多动物都有发情期，人有没有发情期？如果有，也是与动物不同的。《动物世界》电视节目告诉我们，动物似有控制性欲的能力，但那种能力是竞争失败后的无可奈何。历史教科书告诉我们，远古时代的人"知母不知父"。人类的婚姻制度经历过群婚制、对偶婚制、一夫一妻制等。婚姻制度的变迁体现人对待性欲的态度，表明人对性欲的控制能力比动物强、办法多，因而体现出人性。性感强，是美之一种。有性感，以有性欲为基础。没有性欲，就没有性感。健康的性爱，以男女双方互有性感为基础。所以男女之欢，叫做合欢。合欢不是单方面的，不是一方之欢。强奸之所以要禁止，就是因为强奸不可能实现合欢。"饥不择食"是一种错误态度，动物往往如此。"饥而有选"，"饥而有控"，"饥而能让"，都是动物所没有的态度，因而都是人性的体现。

人有乐欲，动物似乎也有乐欲。人对此欲的态度不同于动物。人在别人悲伤的时候不求乐；人在别人不乐的时候，不表现自己内心的快乐；人在别人乐的时候，不将自己的悲伤、不乐传染给别人；人在别人乐的时候不搅局、不破坏；人在别人乐的时候不愤怒、不抱怨；人自己乐或求乐的时候看到别人不快乐会想办法使之与己同乐。"一人向隅，举座不欢"。这是人的态度，这是人性的光辉。当然，也有人在别人不快乐的时候求乐。但是，人这样做的时候是要挨批评的。这说明，所谓对待乐欲的态度是与人之标准相联系的，而这人之为人的标准体现人性——人与动物的区别。

动物只关心自己所欲，却不关心同伴所欲。正常人不仅关心自己所欲，还关心他人所欲。在中国，人与人相见，总要问吃了没有；人与人同席，总要问吃好没有吃饱没有。对于青年，我们总要问恋爱没有，婚姻问题解决没有。当遇到青年男女没有解决婚姻问题时，人们总要提供某种帮助。这是人对待所欲的态度，这对待所欲的态度也是人的属性之一。有人说，这是中国人的特点，外国人不是这样。中国人见面就问"吃了没有"，哪怕对方刚从厕所出来。有人以此指责中国文化落后，有些道理。但是，我们也要看到外国人见面虽然不问"吃了没有"，但总有一句"你好！"这"你好"其实就包含了对他人所欲的肯定和关心。

人对待所欲的态度，不是人生来就有的，而是后天获得的，是社会赋予的。社会赋予人对待所欲态度的主要途径是制度和教育。制度通过规则规范人的行为，引导人对待所欲的态度。教育将制度所包含的规则和规范转换为价值观，进而引导人的态度和行为。孔子说："席不正不坐。"[①] 这"席不正不坐"就既是规范，同时也是价值观。它作为价值观引导人们对自己的食欲采取克制的态度，以求表现出雅的吃相。

---

① 杨伯峻：《论语译注》，中华书局1980年版，第104页。

人对食欲、性欲、乐欲等的自我克制，体现人性。对胜欲的态度所体现的人性则不是克制而是转换。所谓胜欲，就是战胜竞争对手之欲。不论是在英雄时代还是非英雄时代，人都向往英雄。青年人尤其如此。人的英雄情结，是人有胜欲的体现。每个人内心深处，都向往胜利，向往超越，向往成功。人类历史表明，人类社会进步与人的胜欲有着某种内在的深刻的联系。虽然历史上有过许多人为了自己的胜利不择手段，但是历史文化的沉淀早就提供了满足胜欲的种种选择。在两千多年前，中华民族的祖先就提出了人生"三不朽"，将人满足胜欲的最高境界规定为立德、立言、立功。这"人生三不朽"说，就对人之胜利欲望起着调节作用，对于人类社会进步起了非常伟大的作用。孟子说，人皆可以为尧舜。这又为人满足胜欲提供了价值观指导。他还说："行一不义，杀一不辜，而得天下，皆不为也。"[①] 这既是孟子的价值观，更是孟子的胜利观、成功观、超越观。上述孟子思想作为中国传统文化的精华之一，为人与人之间的竞争指明了一种美的价值取向，开辟了一条广阔道路，扩大了发展空间，其结果是使人与人之间进行物质利益竞争的同时也进行超越物质利益的竞争，从而也就使人类社会历史成为一幅美丽的画卷。在这张画卷上，我们固然可以看到"天下熙熙皆为利来，天下攘攘皆为利往"，固然可以看到争食、争利、争名、争权的种种场景，固然可以看到许多丑陋，但同时也可以看到物质利益竞争之外的超越物质利益的竞争，人们在争显力量、争显智慧、争显品德、争显高尚的精神境界。在这张画卷上，我们可以看到，伯夷、叔齐坚持不食周粟，强忍着饥肠辘辘的煎熬，最终饿死在首阳山上，朱自清坚持不领美国救济面粉宁愿挨饿；我们可以看到，大禹治水三过家门而不入，神农尝百草最终被毒死；司马迁为究天人之际、通古今之变而忍辱，布鲁诺、哥白尼为坚持真理宁死不屈。

总之，是制度和文化使人对待所欲的态度与动物对待所欲的态度不

---

[①] 杨伯峻、杨逢彬注释：《孟子》，岳麓书社2000年版，第51页。

同，而制度、文化的理论基石则是人性论的人之标准。

　　既然对待人欲的态度是人性的表现，那么，能不能说禁欲主义是正确的而纵欲主义则是错误的呢？不能这样说。对待人之所欲的态度，确有正确错误之分。禁欲主义主张灭人欲。纵欲主义主张放纵人之所欲，主张对人之所欲不加任何控制，不予任何抑制。禁欲主义和纵欲主义，都是对人之所欲的错误态度。

　　人欲可灭吗？这样提出问题本身就是一种错误。笼统地给予回答也是一种错误。因为人欲都是具体的。人之所欲，是多方面的，是多种多样的。人欲是否可灭，人欲是否应灭，人欲是否可抑制，都要具体情况具体分析。笼统地主张灭人欲，或者笼统地反对灭人欲，都是错误的。人的食欲就是不能灭的，灭了此欲人还能活吗？性欲也不能灭，没有此欲的人就不正常了。乐欲也不能灭，灭了此欲，每个人都不求快乐，这社会将是什么样子？胜欲也不能灭，灭了胜欲，整个人类社会完全没有任何竞争，人类社会就会停止发展，就会停止进步。但是，人的某些欲望又是可以抑制的，也是应当抑制的；人的某些欲望是可以消灭的，也是应当消灭的。比如，人的食欲就是可以抑制的，也是应当抑制的；人的性欲是可以抑制的，也是应当抑制的；人的乐欲是可以抑制的，也是应当抑制的；人的胜欲是可以抑制的，也是应当抑制的。对于某些人而言，如果食欲不予抑制，就可能得肥胖病；如果性欲不予抑制，就可能犯强奸罪；如果乐欲不予抑制，就可能走到玩物丧志的境地；如果胜欲不予抑制，就会为求胜而不择手段。抑制不等于消灭，但抑制包含暂时消灭。贪污犯的贪欲，强奸犯实施犯罪行为时的性欲，不应消灭吗？不能消灭吗？

　　人生来就有的欲求，是不能消灭的。企图消灭或者主张消灭人生来就有的欲求，是不人道的，是灭绝人性的。但是，人的后天欲求中则有一些是可以消灭的，也是应当消灭的。比如，人对人的控制欲，就是如此。人的利欲、名欲、权势欲等都是来自于社会的。在一定的社会历史条件下，人的这些欲求是不能消灭的。把这些欲求消灭了，社会历史前进的动力也就消失了。在一定社会历史条件下，人们的利欲、名欲、权势欲，不仅不能消灭，就是过分的抑制也会导致社会发展的步伐放慢，也会导致社会进步的动力不足。但是，在另一定社会历史条件下，个人的某些利欲、名欲、权势欲则是可以消灭的，也是应当消灭的。因为利欲、名欲、权势欲在一定历史条件下是有正当不正当的区分的。买官卖官，就既是不正当权势欲的表现，同时也是不正当权势欲的实现形式。行贿受贿，就既是不正当利欲的表现，同时也是不正当利欲的实现形式。在一定社会历史条件下，物质利益原则既是社会制度的基石，也是个人行动的动力和调整行为的准则。物质利益原则在需要它的社会历史阶段，使人们必讲利害，必讲利益得失。两利相权取其大，两害相权取其轻，也就成为人们选择行为的准则。故孟子讲"鱼，我所欲也，熊掌亦我所欲也；二者不可得兼，舍鱼而取熊掌也。"所谓"舍"就是放弃，也就是"灭"的一种形式。在存在利欲、名欲、权势欲的社会里，除开物质利益原则外，还有道义的原则。道义也是人之所欲的一种。物质利益决定人的生存条件和生存过程物质生活的水准，道义则决定人的生存价值。当人只为生存而活时，则物质利益最重要，物质利益大于天；当人为生存价值而活时，物质利益即财富就只是人生的手段，"义"的地位就上升了。故孟子说："生亦我所欲也，义亦我所欲也；二者不可得兼，舍生而取义者也。"当然，如果二者可以兼得，那就不必舍去生而求义了。既能生又能义，何乐而不为。像刘姝威[①]那样既保了生又行了义，怎么不是大好事呢?!一个美好的社会肯定人之所欲，

---

[①] 刘姝威，女，中央财经大学教授，2001年开始对上市公司蓝田股份财务报告进行分析，发现该公司短期偿债能力很弱，已经是一个空壳，完全依靠银行贷款维持生存。之后写一篇600字文章——《应立即停止对蓝田股份发放贷款》。2001年10月26日，该文刊登在只供中央金融工委、人民银行总行领导和有关司局级领导参阅的《金融内参》上。此后不久，国家有关银行相继停止对蓝田股份发放新的贷款，刘姝威的人身安全受到威胁。而后引发轰动全国的"蓝田事件"。刘姝威后被评为2002年度"感动中国人物"，其颁奖词有："中国经济环境的清洁师"，"敢说出皇帝根本没有穿新衣的直言的孩子"。

固然要肯定所有人都有求生存求发展的权利，但更要保证人们在行义之时所享有的生存发展权利不致被恶人剥夺。然而，社会要做到这一点是非常困难的。因此，为了整个社会的利益和健康发展总是需要有人能舍生取义。这也就要求行义之人，懂得孟子所讲的道理："生亦我所欲，所欲有甚于生者，故不为苟得也；死亦我所恶，所恶有甚于死者，故患有所不辟也。"

人欲可以放纵吗？不能放纵。欲不可纵，乐不可极。放纵性欲的结果，是伤害身体，是花柳病泛滥；放纵利欲的结果，是利欲熏心，物欲横流，道德沦丧；放纵权势欲的结果，是对权力的贪婪，是政治斗争异常残酷，是专制死灰复燃。名欲也不能放纵，放纵的结果是虚荣心膨胀，是为扩大名声而不择手段。享乐主义放纵的是乐欲，其结果是乐极生悲。市场经济体制，是扩张利欲的制度，是放纵利欲的制度。利己主义是市场经济体制的必然产物。专制制度，是扩张权力的制度，是放纵权势欲的制度。

人欲的发展、控制，体现人性。人性发展的机制在社会，人性发展的动力在社会，人性发展的制约也在社会。人性发展，是社会矛盾运行的结果。社会制度、文化对人性发展起着根本性的决定性的作用。人性发展还是人与人斗争的结果。每个人对自己所欲的态度，是从社会那里获得的。但是，这只是一个方面。另一方面，每个人都有选择对待所欲态度的能力。人的选择不同，人对待所欲的态度也就不同。不同的人对待所欲采取不同的态度，最终又造成人间对待所欲的不同态度，于是就有了禁欲主义和纵欲主义。禁欲主义与纵欲主义斗争的结果，则使科学的对待人之所欲态度得以产生。所谓科学的对待人之所欲的态度，就是对人之所欲进行具体分析，既不主张笼统地禁欲，也不主张笼统地纵欲。人对人之所欲必须是有所抑制、有所控制的，而控制、抑制的办法之一则是发展人之所欲。社会制度在本质上就是为控制、抑制人之所欲而产生的，是为发展人之所欲服务的。社会制度和文化的功用，可以归结为对人之所欲进行有效而适当的控制和抑制，实现人之所欲的发展。所谓人之所欲的发展，首先是指人欲的多样性，而不是人欲的单一性及量的增长。物欲横流，利欲熏心，权欲膨胀，都是人欲单一性的发展，而不是多样性的发展。人性论本质上也是为控制、抑制、发展人之所欲服务的。性善论是抑制物欲、利欲、权欲的理论，是张扬为善之欲、行义之欲的理论。孟子所要抑制的人欲，是统治者的所欲。性恶论是张扬利欲、物欲和权欲的理论。荀子所要抑制的人欲，是劳动人民即普通老百姓的所欲，他所要张扬的人欲，是统治者的所欲。荀子说："人之生，不能无群，群而无分则争，争则乱，乱则穷矣。故无分者，人之大害也；有分者，天下之本利也；而人君者，所以管分之枢要也。故美之者，是美天下之本也；安之者，是安天下之本也；贵之者，是贵天下之本也。"① 一句话，人类社会要不乱，就要满足统治者的一切欲求。——这就是荀子所主张的。朱熹所要灭的人欲，也是老百姓的所欲。因此，这些人性理论都是错误的。马克思主义人性论，主张通过发展人欲的多样性来实现对人之所欲的控制和抑制，其根本途径则是在改造社会制度的基础上发展物质资料的生产和人类社会的先进文化。

人之所欲的合理性体现为人权。人之所欲的适当性则体现为人权的限制。人权的内涵是丰富的，最基本的则是生存权和发展权。生存的基础是衣食住行等基本需要得到满足，因此，人的生存权的实现也就是生存所需要的物质资料得到满足。要使所有人的生存需要得到满足，固然不能没有物质资料生产的发展，但更需要社会制度和文化提供保障。没有社会制度和文化的保障，人与人之间的生存竞争就不会停止。任由人与人的生存竞争自然发展，其结果必然是一部分人获得超过生存需要的物质财富，另一部分人的生存需要不能满足。市场经济体制，本质上是一种通过张扬占有社会财富进而推动增加社会财富的制度。市场经济体制必然使一部分人大大占有超过其生存需要的社会财富，同时也必使一

---

① 《荀子·富国》，远方出版社2004年版。

部分人所占有的社会财富不能满足其生存所需。市场经济体制必使一部分人拥有住房千万间，同时也必使有些人只能居住"胶囊房"，甚至只能露宿街头。发展的基础是生存，不能生存不能发展。发展权的内涵远比生存权丰富，其平等实现就更难。但是，人如果能意识到人生就那么几十年，最多上百年，人生的发展也是非常有限的，发展了这方面，再要发展那方面就很困难，因此，人的自主发展只能是有所为有所不为，什么都要发展结果是什么都不能发展，因此发展必须有所选择。如果人能真正认识这个道理，则发展权的实现又不难。这也就是说，实现生存权在根本上依靠社会制度，实现发展权在根本上也是依靠社会制度。

# 人之所能与人性

有能,也是人的重要属性。"善假于物",是人之所能的重要方面。人之所能是社会实践的产物。人之所能可分善恶,对待人之所能的态度也可论善恶。

## 一

人之所能,也是人性的重要方面。历史上的人性论讨论人之所能比较少,但也不是没有。告子基本上没有讨论人之所能,其人性论只盯住了人之所欲。孔子没有提出人之所能的问题,但其"性相近习相远"的命题事实上承认了人有其能,虽然这人之所能比较狭窄。孟子也没有系统讨论人之所能,但他提出了"人皆可以为尧舜"的论断,这可以解释为讨论了人之所能的问题。荀子比较系统地讨论了人之所能,他所提出的人"善假于物""制天命""人能群"等论断,都是对人之所能的探讨。

动物有其所能,人亦有其所能。人之所能是多方面的,要将人之所能做全面而不遗漏的描述,是非常困难的,甚至是不可能的。仅仅看到人与动物都有所能,不论人与动物所能的区别,是肤浅的。要正确认识人之所能,就必须将动物与人进行比较分析。当我们做了这样的比较分析后,可以发现人之所能具有以下特点。

第一，人有远比动物强得多的认识能力。人的认识能力是全部人之所能的重要基础。荀子认为，草木有生而无知，禽兽有知而无义，人有知且有义。事实上，人的有知能力比动物的有知能力要强得多，要强好多倍。在感知能力方面，人的某些感知能力不如某些动物。比如，人的嗅觉不如狗，人的视觉不如鹰，人的听觉不如鼠。但是，人的感官的整体感觉能力比什么动物都要强。而且，人有主观能动性。人会为远见博见而登高。动物所知主要靠感觉，如狗主要是靠嗅觉判断主人与非主人。有些动物也许能形成某些概念，如狗可能有主人、食物等概念，但没有诸如商品、价值等概念。动物也有判断能力，也许有判断这种思维形式。但动物基本上不能进行演绎推理这种抽象思维。因此，动物所具有的思维能力本质上是一种不能形成科学概念的思维能力。在一定意义上，说人与动物的区别"不是有无思想"①，是正确的；说"一切动物都有精神现象，高等动物有感情、记忆，还有推理能力"② 是正确的；说精神现象不是人的"最基本特征"③ 也是正确的。但这样说的时候，一定要看到人与动物的区别：人"有高级精神现象"。正常人不仅有感性认识，而且有理性认识。人不仅可以认识任何事物的特征、外在联系，还可以认识任何事物的本质；人不仅可以认识事物的本质，还可认识事物发展的必然性并根据事物发展的必然性对事物发展的方向、趋势做出预测。就人类整体而言，人的知识只能来自实践。就个人而言，人不仅运用自己的感官对事物进行直接的感知，而且运用自己的脑对感官所获得的感知进行加工形成概念、判断等理性认识；人不仅自己实践，而且可将别人的实践经验"拿来"。这就是说，人的求知方式不仅有实践，还有读书——从前人他人那里"拿来"的办法。人的这种求知方式，使人的认识过程成为人类整体与单个人的内在的对立统一。正因此，人的所知可以是人类之所知。人的所知是全面的是深刻的；动物所

---

① 《毛泽东文集》第 3 卷，人民出版社 1996 年版，第 81 页。
② 同上。
③ 同上。

知则是片面的表面的肤浅的。人的认识能力是无限的，动物的认识能力是非常有限的。人的这一特点，既是人性的一个重要方面，同时也是决定人之所以为人的一个重要因素。

第二，人有远比动物强得多的行为能力。首先，人有善取于物、善假于物、善创于物的行为能力。换言之，人有善于利用自然、改造自然的能力。动物只有从自然界取得食物的能力，没有善假于物、善创于物的能力。动物没有改造自然的能力，更谈不上善于利用自然、改造自然的能力。老虎被称为百兽之王，却对狮子、大象无可奈何。人却可以把老虎、狮子、大象统统地关在笼子里。不仅如此，人还可以驯养任何动物。人不仅可将牛驯养为耕牛，不仅可将野马驯养为战马，不仅可将狗驯养为猎狗，人还可将老虎驯养为马戏团的"演员"，让它做出相当精彩的表演。老虎虽是百兽之王，却不能让任何一种动物听从它的指挥。人却不同，用荀子的话说，人"善假于物"。"善假于物"，是人的能力，是人的特点，是人性的重要方面。"善假于物"不是"善取于物"。"善取于物"是将自然之物"拿来"。"善取"的含义不是摆事实讲道理，而是强力与智慧相结合。老虎的"善取"方式有"伏击"却没有"缴枪不杀"。人类社会发展，不能完全杜绝直接从自然界"拿来"，但人的"善取于物"也与动物世界有着本质不同。"善假于物"的字面含义是，善于利用物。人会为看得远看得宽阔而登高，人会为使自己的声音传得远而顺风呼喊。人的行走速度虽然不如马但人会驯养马骑上马，人的力量不如牛但人会驯养牛用牛耕田、用牛拉磨、用牛拖车。人也许不会在水中游泳，但人会制造舟船而在江河湖海自由穿行，人虽然不能像鸟那样在天空自由飞翔但人能制造飞机。所谓"善假于物"就是善于对已有之物进行改造，如将野牛改造为耕牛，将野马改造为战马，将野羊改造为家畜羊，将野生稻改造为栽培稻等等。家畜家禽，马戏团的老虎、狮子，都是"善假于物"的成果。没有"善假于物"就没有今天的人类社会物质生活条件。除"善假于物"外，人还有"善创于物"的能力。"善创于物"的能力，是人的创造力的一个重要方面。"善创于物"的能力的表现主要有二：一是生产工具、交通工具、通讯工具、生活用具的创造。如犁铧、铁锄、弓箭、拖拉机，牛车、马车、舟船、桥梁、汽车、火车、飞机、宇宙飞船，电话、电报、无线电，陶器、铜器、瓷器、电灯、冰箱等。二是大型工程从无到有的创造。如都江堰、万里长城、长江三峡大坝等。一部人类历史，实际上就是一部善假于物、善创于物的历史。正是人具有善假于物、善创于物的能力，使得人类社会的物质生活水平逐渐提高，使得人类社会的物质文明程度越来越高并为精神文明、政治文明、生态文明的发展奠定了物质基础。

其次，人有动物没有的组织社会、改造社会的行为能力。柏拉图在其著作里转述了一则神话："从前有一个时候只有神灵，没有世间的生物。后来应该创造这些生物的时候到了，神们使用土、水以及一些这两种元素的不同的混合物在大地的内部造出了它们；等到他们要把它们拿到日光之下来的时候，他们就命普罗米修和艾比米修来装备它们，并且给它们逐个分配特有的性质。艾比米修对普罗米修说：'让我来分配，你来监督。'普罗米修同意了，艾比米修就分配了。他给各种动物分配了必要的装备和性质，竟忘了自己已经把一切要给的性质都分配给野兽了——等他走到人面前的时候，人还一点装备也没有，他手足无措了。正在他手足无措的时候，普罗米修来检查分配工作，他发现别的动物都配备得很合适，只有人是赤裸裸的，没有鞋子，没有床，也没有防身的武器。轮到人出世的指定时间快到了，普罗米修不知道怎样去想办法救人，便偷了赫斐斯图斯雅典娜的机械技术，加上火（这些技术没有火就得不到，也无法使用）送给了人，于是人有了维持生活所必需的智慧。……于是人便具备了生活的手段。"① 这个神话故事以及柏拉图的转述说明柏拉图之前就有人看到了人与动物的重要区别：人没有狮子老虎那样的牙齿，没有大象那样的鼻子，没有其他动物那样的利爪；人没有动物那样的装备，但人有比动物强得多的智慧，人有动物所没有的善假于物、善创于物的能力。人为什么会具有这种能力呢？柏拉图没有回

---

① 夏甄陶：《人是什么》，商务印书馆2000年版。

答，荀子则有回答。荀子说"人能群"。"群"是指社会组织，不是像动物那样的成群。"能群"就是能够创建社会组织，发挥人群的力量和智慧，求得整体大于个别之和的效果。单个人的力量和智慧非常有限。单个人的力量不如一头牛，不如一匹马，甚至不如一头猪。单个人要捕获一头野牛或者一匹野马或者一头野猪，都是非常困难的，甚至是不可能的。但是，有了几个人集体行动，事情就不难了，让牛马为人所用的目标就可实现了。笔者进城前就看到过将牛驯服为耕牛的过程。那过程其实很简单，只要两个人用半天甚至两个小时就可完成。其办法是，先将已有1岁的牛拉来，而后给它的鼻子上系上一根绳，将牛牵到田里后，再将牛轭放在它的肩上，然后一人在前扶着牛轭不使其离开牛之肩，另一人右手扶着犁左手拉着牛绳，赶着牛拉着犁往前走。开始，牛有些不服从、不听指挥，过一会就服从命令、听指挥了。这个事实表明："人能群"是人的最重要的能力，动物没有这种能力。

第三，人有动物没有的是非善恶辨别能力。动物没有是非善恶辨别能力，婴儿、白痴没有是非善恶辨别能力，正常人都有是非善恶辨别能力。正常人的是非善恶辨别能力是有区别的，但都有这种能力又是确定无疑的。事实上，正常人不仅有是非善恶辨别能力，而且还有在此基础上的行为选择能力。正常人的这种能力完全是社会赋予的。所有正常人的成长都是没有离开社会的，都是在社会中得以实现的。所有正常人的成长过程，与其人性的生长发展过程是同一过程。因此，人所具有的是非善恶美丑辨别能力以及与之相联系的行为选择能力，也是人性的一个重要方面。科学的人性论不能将人的这种能力排除在人之所能之外，也就不能将其排除在人性范畴之外。将人欲归于人性之唯一的人性论，所犯错误之一，就是只看到人之所欲（甚至只看到人的食欲和性欲），却对人之所能全然不见。

论人性：善恶并存　以善为主　>>>

## 二

　　人之所能，可以概括为：具有特别能进化（进步）的能力。所谓人的特别能进步的能力，是指人与动物相比较，有着特别强的环境变化适应和改变自己发展自己的能力。换言之，人的特别之处在于能使自己发展，能使自己不断进步，能实现人在整个宇宙中正确定位。人口不断增多，人类遍布地球村各个角落，生活水平不断提高，生活质量不断改善，平均寿命不断延长；"可上九天揽月，可下五洋捉鳖"① 等等。所有这些都是人的进化能力特别强的表现。人的这种不断进步的能力，是一种整体性能力，是由诸多因素构成的。

　　拿环境适应能力来说，动物适应气候变化的能力一般要比人弱。在热带生活的动物到了高寒地带，在高寒地带生活的动物到了热带，都不能适应。人却不同，人能在很短的时间内适应从高热环境到高寒环境或者相反的转换。人类并非不犯错误，但人类能够发现自己的错误，纠正自己的错误。最近这些年来，人类感觉全球气候变暖，认为其原因是人类社会的工业生产以及生活方式存在问题，就能改变发展方式纠正自己的错误，就提出了减少碳排放的目标。与此同时，人类还就如何适应气候变化适应环境变化进行了探讨，对可能出现的自然灾害提出了应对措施。随着环境变化而改变自己行为并使自己获得发展的能力，是一种只有人才有的伟大能力。动物没有这种能力。动物也进化，但动物的进化太缓慢。而且，动物进化往往是以旧物种灭亡新物种产生的方式进行的。将动物的进化能力与人的进化能力相比较，可以说，动物实际上没有什么进化能力。华南虎直到灭绝之时还是华南虎，非洲狮直到濒临灭绝之时还是非洲狮。熊猫是活化石，据说它与恐龙同龄，恐龙早已灭绝，熊猫仍然活着，这确实是个奇迹。熊猫之所以能创造这个奇迹，恐

---

① 毛泽东：《水调歌头·重上井冈山》，《毛泽东诗词》，人民出版社1995年版。

怕与改变吃有关。现在它只吃竹子，也就难以进化，就只是熊猫。事实表明：动物的进化能力是很弱的，动物的能力主要是适应环境变迁的能力。"适者生存"，不能适应环境变化就要被淘汰，这是动物的本性。人的本性是进化（进步）的。人要进化当然要能适应环境的变迁。但是，人的主要特点还不是简单地适应环境，人还有改变环境的能力。改变环境的能力是动物没有的。

人不仅具有改变环境的能力，人还有改变自身的能力。"人猿揖别"之时，人是否已经完成直立行走和手脚分工的进化，是我们不能确知的。如果那时已经完成了这些进化，则人的身体结构方面的进化在人类历史上就是不显著的。如果那时还没有完成这些进化，则人的身体结构方面的进化就是非常显著的。不论这进化是否已经完成，人的身体器官的进化在类人猿进化为人的过程基本完成之后仍然是存在的，其突出事实就是：人的手和脚在功能上更加多样化，特别是手更加灵巧。而某些失去双手的残疾人能够用脚吃饭、用脚写字、用脚绘画、用脚运用计算机等，则进一步证明人具有动物所没有的进步能力。人脑的发展进步，更是人的身体进化的一个重要方面。现在人的身体器官，特别是脑以及感知能力，正如毛泽东所说，"本于遗传，人们往往把这叫做先天，以便与出生后的社会熏陶相区别。但人的一切遗传都是社会的"，是至少200万年的社会历史造就的结果。从这个意义上可以说，人的自身能力的改变是由自己造就的。另一方面，"心灵手巧，手巧心灵"——这种人所具有的经验也证明，人之脑与人之手的进步不仅相关，而且是一个客观事实。这也就是说，人即使有爹妈给的好脑袋，有爹妈给的好身体，如果没有后天的学习和自我强化训练，人也难以实现"心灵手巧"。如果说人改变自身身体结构方面的能力还缺乏足够的事实支撑，那么，人在改变、提高自己能力方面则有着无数的事实作为根据。人的知识、能力的不断发展，是人特别能进步的重要表现。而人的知识、能力不断发展则表现出这样的特点：第一，人的能力发展具有非常强的动力——人之所欲是内容丰富形式多样的；第二，人的能力发展具有无限的潜力和发展空间——人之所能具有广阔的发展空间；第三，人的能力发展速度越来越快——知识经济时代、信息时代使人的知识、能力的增长正在加快速度；第四，人的能力发展是人自主追求的结果——人的主体性或主观能动性使然。

　　人的特别能进步的能力，突出表现为人能自主追求进步，自觉追求改变自己，自主把握进步方向，自主提出进步目标并自主努力实现。人不仅追求改变自己的生活条件、生活环境、生活内容和生活方式，还追求改变自己。人自主追求改变自己，不仅表现为追求身体强壮，还表现为对美的追求。身体胖了，人要减肥；身体太瘦，人要设法胖起来。人总是按照一定的审美标准设法使自己更美、更漂亮。人不仅追求身体美，还追求增加知识、提高能力、提升素质，追求专业技能发展和各方面全面发展。人不仅追求自己一生快乐，而且追求下一代快乐。人总是鞭策自己不断努力，每一代人总是希望下一代不像我们这一代这样生活。人不仅追求快乐，还追求留下点什么、改变点什么、创造点什么。人不仅追求自己发展，还追求家族兴盛、民族兴旺、国家发展以至整个人类发展。人不仅追求改造自然，还追求改造社会；人以改造自然为乐，以改造社会为乐。人的这种能力，不是单纯应对环境变化的产物，不是单纯环境逼迫的结果，而是人类社会发展的必然结果。

　　人是由类人猿进化来的。因此说，人的适应环境变化的能力，人的进化能力，是从类人猿那里继承来的。类人猿是有比较强的进化能力的动物。类人猿有比较强的环境变化适应能力。类人猿之所以能进化为人，就在于类人猿有着不同于其他动物的本性（含本领）。在一定意义上可以说，人与动物的区别也是源于此。"此"是什么？不是因为类人猿有"欲"（因为其他动物也有"欲"），而是因为类人猿的"欲"与其他动物的"欲"有所不同，是因为类人猿满足其"欲"的方式具有独特性，是因为类人猿之所能与其他动物所能存在根本区别。人从自然界获取能量的方式是吃，动物从自然界获取能量的方式也是吃。但是，人之所吃与动物所吃存在本质不同。人的食物多样性，作为人的进化能力的构成因素，是自然赋予的，但能否以此为人的本性呢？笔者认为，是不可以的。之所以认为不可以，有两方面的理由。第一，人的进化能力是一个整体，其构成因素不只是"有欲"和食物多样性，还有更重要的因素，即获取食物的方式、能力和社会组织能力。第二，人的进化能力是逐渐发展的，现在人的"欲"及食物多样性是已经经过进化的，已经与类人猿或最初的人有很大的区别，而这种进化及进化结果离开人的社会是不可能的，也是讲不清楚的。所以，我们把人的本性归结为进化能力强时，是绝对不能忘记人类社会对人本身的发展所起的作用的。

内因是变化的根据，外因是变化的条件。类人猿变成人，根本原因在类人猿自身。人进步的原因也在自身，根本原因、根本动力都在人自身。但是，这"人自身"包括所有个体在内的人类社会。离开人类社会的全部历史，人的特别能进化的能力不能生成，也不能发展。人的进化、进步历史，也就是人类社会不断进步的历史。人类社会进步历史，不仅是物质资料生产不断发展的历史，而且是社会制度、社会文化不断发展的历史。人类善取于物、善假于物、善创于物的结果，是社会生产力的发展。人类改造社会进步的结果则是生产关系和上层建筑的不断变革，也就是社会制度的不断变革、不断创新。人的改造社会的能力，同人的物质资料生产能力一样，本质上都是也只能是人类社会的整体能力。单个人，任何单个人的能力与人类社会的整体能力相比都是微不足道的，都是非常渺小的。单个人的能力，不论是什么样的能力，只有融入人类社会这个"大海"或"熔炉"里才能生长出来，才能发挥出来。但是，这只是问题的一个方面。问题的另一方面是，人类社会总是存在着，每个人总是生存生活于一定的社会组织中，这就使人的是非善恶分辨能力作为人性的一个方面必然存在着。对此视而不见，也是错误的。事实上，人的这种能力，也是人特别能进步的体现和原因之一。

人的特别能进化的能力，在根本上是由社会决定的。人的善假于物的能力，人的认识能力，人的改造社会的能力，人的发展自己的能力，都是社会赋予的。一般认为，荀子将"人能群"的原因归结为人能

"分",笔者则认为"分"既是"人能群"的原因,同时也是"群"的构成因素。荀子说:"人之生,不能无群,群而无分则争,争则乱,乱则穷矣。故无分者,人之大害也;有分者,天下之本利也。"[①] 从荀子这段话可知:"群"作为人群社会组织的本质特征是"有分",没有"分"就不能形成集体智慧和力量,就会"乱",就会"穷"。"分"的含义是什么呢?笔者以为这"分"是包括社会分工、岗位职责和物质利益分配的。显然,荀子所讲的"分"实际上就是马克思主义所讲的生产关系,也就是人与人的物质利益关系。"分"的标准是什么呢?荀子的回答是"义"。"义"是什么?一般认为,荀子讲的"义"是指法度礼义,包括道德。笔者则认为,还可加上客观规律以及对客观规律的正确认识。法度礼义、道德规范从何而来呢?荀子认为,法度礼义是君王制定的。历史上的法律制度确实是君王颁布的,是君王制定的。荀子看到了这一点,却没有深究君王何以能够制定法律制度。马克思主义比荀子高明得多。马克思主义认为,以物质利益为基本内容的人与人的关系,对生产力而言是生产关系,对上层建筑而言则是经济基础。经济基础与上层建筑是相互作用的,一方面是经济关系决定上层建筑,另一方面是上层建筑对经济基础存在反作用。荀子的错误在于夸大了上层建筑对经济基础的反作用,并将这种反作用改为决定作用。

## 三

人之所能,是人与动物的一个重要的根本性的区别。与人之所欲比较,人之所能更是决定人与动物相区别的重要因素。从一定意义上可以说,人之所欲之所以与动物所欲存在根本性的区别,就在于人之所能不同于动物。换言之,人之所欲之所以能超越食欲、性欲而转换为内容丰富形式多样,就体现了人之所能。人之所欲的满足方式不同于动物,更

---

① 《荀子·王制》,远方出版社2004年版。

是体现了人之所能的伟大。因此，人之所能是人的特有属性之一。告子的人性论只看到人之所欲（严格讲是只看到人有食欲和性欲），荀子的人性论（或称人学理论）虽然看到了人之所能，却没有将人之所能归属于人性范畴。西方的人性本恶论，同样没有将人之所能归属于人性范畴，而只讲人之所欲，并且只是简单地将人之所欲归结为恶。马克思主义人性论，则是不仅承认人之所欲，而且承认人之所能。

人之所能作为人的属性之一，是本能和非本能的统一。本能确是一种能力。正常婴儿一出生，就事实上具有某种能力。手和脚不同，就意味已经为直立行走能力的形成准备了适当的物质基础。手和脚的正常运动，就是一种本能性能力。正常婴儿长到1岁左右经过适当的教育训练就可获得直立行走的能力，就可具有运用筷子的能力。但是，直立行走、运用筷子的能力，本质上已经不是本能了。如果对1岁左右的婴儿不予以教育和训练，他或她就可能难以具备直立行走、拿筷子的能力。西方人与中国人的这种能力差别也可证明这一判断。3岁左右的正常幼儿经过良好教育，就可具有给父母端茶送水的能力，就可具有识字写字计数算数的能力。而这些能力是以健康身体特别是健康头脑为物质基础的。在工业社会，婴儿能否成为正常人，能否生长人性，需要更加予以关注，需要特别留心。也许可以说，更困难。在孔子、告子的时代，婴儿能否正常生长主要取决于气候变化以及当时的所谓瘟疫，现在则主要取决于工业生产所生产的产品质量。在孔子、告子时代，婴儿要么成人要么死亡，成为白痴的几率比较小，现在则是死亡率比较低，白痴、弱智、智障以及精神病患者的几率比较高。孔子、告子、孟子、荀子等，都没有谈到白痴，没有讨论过精神病患者，是这一判断能够成立的重要佐证。

毛泽东说："自从人脱离猴子那一天起，一切都是社会的，体质、聪明、本能一概是社会的，不能以在母腹中为先天，出生后才算后天。要说先天，那末，猴子是先天，整个人类是后天。拿体质来说，现在人的脑、手、五官，完全是在几十万年的劳动中改造过来了，带上社会性了，人的聪明与动物的聪明，人的本能与动物的本能，也完全两样了。"① 说人的本能"一概是社会的"，说"不能以在母腹中为先天，出生后才算后天"，说"猴子是先天，整个人类是后天"，说"现在人的脑、手、五官，完全是在几十万年的劳动中改造过来了，带上社会性了，人的聪明与动物的聪明，人的本能与动物的本能，也完全两样了"，这都是有道理的。但是，绝不能以此为由拒绝人的后天学习，更不能以此为根据断定人的一切能力都是本能。事实上，人之所能是在本能基础上发展起来的。人的本能实际上不过是一种特殊的物质基础。这种特殊的物质基础包括手脚分离以及二者的区别，更指人脑的正常完成发育。印度狼孩故事、后天白痴、严重精神病患者的性状表明，从母腹正常出世的婴儿如果没有良好的后天条件，其所谓人的本能都是难以具有的。正常婴儿的性状基本相同，但人之所能作为个体的能力却有着很大的差别。因此，将人之所能完全归结为本能，是不能成立的。这也就是说，今人的本能虽然是"社会的"，虽然是"带上社会性了"，虽然是与动物本能不同了，但是，人的本能毕竟只是本能，而不能等同于人之所能，这正如人之所欲所包含的食欲性欲不能等同于全部人之所欲一样。人之所能要远远大于人之本能。将人之全部所能归结为人之本能，既不符合事实，也不利于发展人之所能，更不利于正确认识人性。

换言之，人作为类与动物存在的本质区别，如果用"本能"一词来概括，那就是人的本能与动物本能不同。那么，人的本能作为人类的本能是什么呢？那就是劳动，也就是进行"人的生产"能力。马克思曾经对比过"动物的生产"与"人的生产"。他说："诚然，动物也生产。它也为自己营造巢穴或住所，如蜜蜂、海狸、蚂蚁等。但是动物只生产它自己或它的幼仔所直接需要的东西；动物的生产是片面的，而人的生产是全面的；动物只是在直接的肉体需要的支配下生产，而人甚至不受肉体需要的支配也进行生产，并且只有在不受这种需要的支配时才进行真正的生产；动物只生产自身，而人再生产整个自然界；动物的产

---

① 《毛泽东文集》第3卷，人民出版社1996年版，第83页。

品直接同它的肉体相联系，而人则自由地对待自己的产品。动物只是按照它所属的那个种的尺度和需要来建造，而人却懂得按照任何一个种的尺度来进行生产，并且懂得怎样处处都把内在的尺度运用到对象上去；因此，人也按照美的规律来建造。"① 马克思的这种区分不仅揭示了"人的生产"与"动物的生产"的区别，而且能给我们重要的启示：人的生产是与社会相联系的，离开社会所进行的以满足自身肉体需要为目的的生产本质上不是人的生产，而是属于"动物的生产"。人的生产不仅必然要运用社会的力量，而且必然要以满足因社会而产生的人之所欲为目的；人的生产动力不仅是人的肉体需要满足，而且是所有人之所欲的满足；人的生产在功能上不仅能满足人的肉体需要，而且能够满足超越人的肉体需要的其他欲望；人的生产不仅能够满足人的所有需要，而且能够创造人的需要，扩展人的需要；人的生产不仅是满足人之所欲的方式和手段，而且它本身就是人的目的，这使它不仅是人类生存繁衍的方式，而且是求乐的方式、发展的方式。

人的劳动是社会劳动。所谓社会劳动，就是人的劳动必以一定的社会生产关系为基础。正因为人的劳动具有这样的特点，人获取食物的能力才比任何动物都强。人类社会的生产物质资料的能力是其他动物没有的，是任何其他动物不能超越的，因而它既是构成人的进化能力的最重要的因素，同时也是人性中最基本的东西。所谓人性，本质上就是人类学会依靠自己的力量和智慧从自然界获取物质生活资料以解决自己的生存和发展问题，进而将自己与动物区别开来的东西。正因为人有着这样的本性，所以人类的物质资料生产活动才是人类最基本的实践活动，也才是人类社会的基本能力。而每个人的具体所能则是人类社会整体能力的构成因素。也因此，个人之能既不能离开社会获取，也不能离开社会而展现、发挥。

对个体而言，同人之所欲的扩展是人性生长的一个重要方面一样，人之所能的生长也是人性生长的一个重要方面；人之所欲的发展和人之

---

① 《马克思恩格斯全集》第42卷，人民出版社1974年版，第96~97页。

所能的发展，都是在人出生之后在社会生活中实现的。"婴儿时期的人"，除开具有能吃的本能外，基本上是一无所能。白痴除开能吃的本能外，也是一无所能。严重精神病患者在其疾病治愈后，所表现出来的能力也是后天获得的，是教育和后天学习赋予的，是社会赋予的。印度狼孩一开始是属于"婴儿时期的人"，但它后来具有的能力本质上则属于动物的本能。原因何在？原因就在它离开了人类社会而成了"狼孩"。事实表明，即使它离开原来的生存环境改换为人的生活环境后，因其成长人性的物质基础已经改变或者说生长人性的最佳时期已经错过，也就不能生长人性，不能产生人所具有的能力，其智力水平也就不能超过人的3岁水平。这说明人之所能的形成不仅需要适合的物质基础，而且需要社会环境以及适当的教育。事实上，任何正常人所具有的能力都是后天教育和学习的结果。没有正常的后天教育和学习，任何身体正常的婴儿都不能具有正常人应当具有的能力。正常人的能力形成过程，一方面看，是在适合的社会环境下自然而然的过程，另一方面看，则是一个教育者和受教育者自主追求的过程，因而是一个自主自觉的过程。从此可知，对婴儿、幼儿、少儿以至青春期教育的重视是无论怎样说都不过分的。

在全部人之所能中，人所具有的创造能力，是人与动物的根本性区别，是人性中最根本的东西，也就最能体现人性的光辉。"善假于物"体现人的创造性，"人能群"也体现人的创造。科技发明是创造，人类社会制度同样是人的创造。人的是非、善恶、美丑、荣辱等方面的辨别能力，是动物根本不可能具有的，人的这种能力同样是与人的创造性相关联的。人类社会的是非善恶美丑标准，是以社会制度为基础的。人之所能，是依靠教育、学习、实践来传承和发展的。人之所能所包含的创造性同样是依靠教育、学习和实践来传承和发展的。好的教育是发展创造性的教育，好的学习同样是发展创造性的学习。教育的价值不是授之以鱼，而是"授之以渔"。科学的学习，是学会学习。美国学者埃得加·富尔指出："未来的文盲不再是不识字的人，而是没有学会学习的人。"实践可以分为应用型实践和开拓型实践（或称创新型实践）。人的价值不在从事应用型实践，而是进行开拓型实践。只有开拓型实践才能真正体现人的创造性，也只有开拓型实践才能真正发展人的创造性。人的发展是通过开拓型实践实现的。因此，未来的人中之杰只有一个标准，那就是是否进行了开拓型实践和开拓型实践是否取得成功。人的解放说到底也是在于是否能够进行开拓型实践并取得实践的成功，而不是占有社会财富的多寡。为此，社会制度是需要改革的，社会制度也必定会不断改革。因为现今的社会制度，特别是社会经济制度还不能使人更多地从事开拓型实践。市场经济体制固然对社会财富增加，即对创造社会财富起到了十分重要且显著的作用，但是，市场经济体制同时又是一种鼓励人追求占有社会财富的体制。创造财富与占有财富，是有本质区别的。市场经济体制却不管这种区别，它激励人们通过自己的活动实现最大限度占有社会财富的目的。

## 四

人之所能，是有善恶之分的。希特勒、戈培尔之能，是善还是恶？毒枭刘招华制贩16.5吨毒品及反侦查能力，是善还是恶？要回答这样的问题就必须对人之所能的概念进行再审视。

人之所能，有广义狭义之分。狭义的人之所能即指技能。"技能是通过学习而形成的合乎法则的活动方式。"这里的"法则"是指技术。比如，驾驶汽车在道路上平稳行走，就是一种技能。驾驶汽车的能力以掌握驾驶技术为基础。驾驶技术，就是一系列程序性动作。获得技能的途径主要是实践，也就是按照动作程序的规定反复练习。广义的人之所能，即广义能力则包括知识、技能、心理承受力、欲念、社会规范等。人之所能作为狭义的能力，是无善恶之分的，既可为善也可作恶。广义的人之所能则不然，它是有善恶之分的。

人之所能之所以可分善恶，是因为知识有善恶之分。知识不等于能力，但能力包含知识。知识是能力的基础。无知识必无能力。知识可分为自然知识和社会知识。自然知识没有善恶之分，社会知识则有善恶之分。物理、化学知识属于自然知识。物理、化学知识本无善恶之分，物理、化学知识既可用来为善也可用于为恶。刘招华运用化学知识为恶，并不证明化学知识有恶。霍布斯的"人对人是狼"，作为知识属于社会知识。这种知识强调了人与人的关系的一个方面，即物质利益竞争，并把这一方面推向极端，是具有片面性的知识，也是一种恶的知识，按照这一知识行事必然是恶。人性本恶、人性本善，也是一种社会知识。按"人性本恶"理解人，处理人与人的关系，必然要造成恶。按"人性本善"理解人，处理人与人的关系，难免受骗上当，但不会以自己的行为造成恶。"和实生物，同则不继"，也是一种社会知识。这种知识强调了"和"，认为"不同"即多样性、差别性是"和"的基础。但是，这种知识同样存在片面性，因为"不同"固然是"和"的重要基础，但不是唯一的基础，"和"的基础还有公开、公正、公平，"和"的实现还需要其他条件如"让"，如"帮"等。不同并不必然导致"和"，不同即差异是本来就有的，"和"是在不同之上建立起来的。"和"是福，但"和"是需要"求"才能实现的。"不同"不仅是"和"的基础，而且是"争"的基础，"争"是无需"求"就必然产生的。"争"的对立面是"和"。要"和"就要去掉"争"，至少是要减少"争"。不同即差异客观存在，任何时候都消灭不了。因此，"争"是绝对的，"和"是暂时的有条件的。马克思主义的对立统一规律揭示的这些知识，克服了上述片面性。对立统一规律作为社会知识，真实地描述了人类社会的全部历史以及走向："争"与"和"是相互依存的，有"争"必有"和"，反之，有"和"必有"争"。至于争什么、怎样争，如何和、怎样和，则不同历史阶段有不同的情况。因此，仅讲"和"或者仅讲"争"都是片面的，不讲"和"只讲"争"或者相反都是恶的知识，都必然产生恶。

恶的知识还有很多。"法不禁止的都可为"，作为知识也是一种具有一定恶性的知识，因为这一知识鼓励人钻法律制度的漏洞，鼓励人为恶，教唆人为恶，而社会规范总是有漏洞的，法律制度总是有漏洞的，教人为了满足恶劣的情欲而去钻法律制度漏洞的知识，当然是一种恶的知识。煽动人产生恶劣情欲的知识，也是一种恶的知识。这种知识也是存在的。正因为这种知识存在，所以教育和学习就必须是有所选择的。也因此，社会才需要有扫黄的机制和行动。如果所有知识是没有善恶之分的，则意识形态领域就是一块净土。正因为意识形态领域、知识领域不是一块净土，所以意识形态领域的斗争才是必需的。

人的行为往往来自两个方面的驱动，一是人之所欲，一是人之所能。人之所以能行善，一是有为善的动机，二是有能为善的能力。当然，也有人在能力不够的情况下仍然行善，如不会水的人毅然跳下江河救人。人之所以能行恶也有两方面的驱动力，一是恶劣的情欲，二是能够作恶的能力。

知识的善恶正如人欲的善恶，固然需要转化为人的行为才会产生现实的恶。但人间的恶行总是在恶的欲念推动下才得以产生，人间的恶行也总是与恶的知识有着内在的联系。有恶的欲念才有恶的行为，有恶的知识才能实现恶的行为所要达到的目的。如果世间没有恶的欲念、恶的知识，也就没有恶的行为。所以恶的欲念、恶的知识才为世间最恶。

# 人之所为与人性

人之所为，是人性的重要方面。正确认识人性必须正确认识人之所为。正确认识人的行为，不仅要注意到人的行为体现人性善恶，而且必须注意到各种理论、意识形态以及行为规范对人的行为的影响。

一

"人之所为"的字面含义有二，一指人的行为造成的结果，二指人的行为。人的行为造成的结果多种多样。万里长城，三峡大坝；美国在日本的广岛、长崎各丢下一颗原子弹致使几十万人顷刻死亡；日本天皇1945年8月宣布无条件投降致使第二次世界大战结束并使流血减少，等等。都是人的行为造成的结果。人的行为造成的结果可分为两类：一类是人化自然，即使自然界的事物改变形态，这包括人类创造的物质财富；另一类是人类社会现象。因人类社会现象本质上是由人的行为构成的，所以人类社会现象仍然可以归结为人的行为。人的行为造成的结果体现人性，属于人性范畴，但人类所创造的物质财富却不属于人性的范畴。这也就是说，由人的行为所引出的人的行为造成的结果，既体现人性，同时也是人的属性之一。因此，我们这里所讨论的"人之所为"是指人的行为本身及人的行为所引出的人的行为。对人的行为及由人的行为引出的人的行为，我们也可统称为"人之所为"。

人的行为与动物行为存在本质区别。动物的行为出自本能，经人驯养过的动物所作出的行为只是其本能行为的延伸，因此可说动物只有本能行为。所谓本能行为，一指客观外界事物作用于动物时，动物做出的反应，如地震发生前或发生过程会使动物产生惊恐、逃跑等本能反应；二指动物为满足自身欲求而进行的活动。动物的本能行为既体现动物的本性，同时也是动物性的一个方面。人也是生物体，人有类似其他动物的身体结构、生理机能和求生欲望。因此，人在运动的自然事物面前也会有其本能反应。比如，人在自然灾害到来时也会有惊恐、逃跑等本能。但是，人的行为主要不是本能行为，而是思想支配下的非本能行为。一般而言，人的行为具有以下特点：

第一，人的行为在动力上具有复合性。人的行为固然有单独由欲求推动或决定的时候，但大多都是欲求、价值观、欲求实现可能等整合后形成的动力推动的结果，因而是一种自觉的行为。单独由食欲性欲推动而产生的行为，是本能行为。由欲求、价值观、欲求实现可能性等因素整合而形成的动力，使人的行为与本能行为存在本质区别。欲求、价值观、欲求实现的可能性及现实条件的整合，使人的行为具有动机和目的。人的行为动机包含欲求，大于欲求，超越欲求，它还包含价值观对欲求的评判以及对行为目的实现可能性的判断。这也就是说，人的行为动机包含人对行为价值的评判，包含对必然性、可能性的认识。人的行为动力的多元化，行为动力的整合性，是动物所没有的，是决定人之为人的一个重要因素。

第二，人的行为在过程上具有可变性和可控性。人的行为在方向上、程度上，都具有可变性。可变性，是指人在行为已经发动之后可以改变行为的方向，可以停止某种行为，可以改变行为的力度或强度。人改变行为固然可以是因为客观环境发生变化，但也可以是意志作用的结果。人的行为能够因意志作用而导致方向、力度等变化，表明人对自己的行为具有一定的控制能力。这也就是说，人的行为一经发动后，既可坚持下去，继续下去，同时也可停止下来。坚持或停止，继续或改变，都是人的意志和精神使然。人能凭借意志力量和精神力量克服达到行为目的的困难，排除客观方面和主观方面的干扰和阻力；同时也可放弃所追求的目的、目标，停止已经发动的行为。这是人具有的重要特点。

第三，人的行为在结果上具有可预见性和可评判性。人在行为之前就对行为结果有所预见，这种预见可以说是构成人之行为动机的一个因素。人在行为之后，一定还要对行为结果进行预见，这是人在行为过程中决定是否继续行为的重要因素。人对行为结果具有预见性，是人的行为具有自觉性即具有理性特点的重要原因。人不仅要预见行为结果，还要对行为后果进行评判。这里所说评判，既包括行为主体对自己行为的评判，也包括非行为主体即所谓旁观者的评判。对行为结果进行评判，以及对行为过程进行回顾反思，是人的一个重要特点。这个特点使人的行为得到自我纠正。

第四，人对自己为满足欲求而实施的行为可做善恶评判。动物为满足所欲实施的行为，是无善恶之分的。狮虎吃牛羊，是为满足其食欲的行为，不存在善恶是非问题；牛羊吃青草，也是为满足其食欲的行为，也不存在善恶是非问题。婴儿、白痴为满足自己欲求的行为，也是不能做善恶评判的。正常人则不同，正常人为满足欲求所实施的行为，一般都可做善恶评判；正常人对自己或他人的行为往往要做是非善恶美丑的评判。

## 二

人的行为，可做善恶评价，但不是人的一切行为都可做善恶评判，也不是一切人的行为都可做善恶评判。人的行为作为生物本能行为，不能做善恶评价；婴儿、白痴、精神病患者发病时的行为，也不能做是非善恶评价。伦理学把人的行为分为道德行为（伦理行为）和非道德行为（非伦理行为），认为只有道德行为才可做善恶评判，对非道德行为不能做善恶评判。所谓道德行为，就是可以做善恶评价的行为。所谓非道德行为，就是不能做道德评价的行为。伦理学的这种认识是科学的。伦理学所讲的人都是正常人，并不包括婴儿时期的人，更不包括因先天原因或后天原因造成的白痴，也不包括严重精神病患者。在伦理学看来，婴儿的行为基本上属于本能行为，因而不能对其行为进行是非善恶评判；白痴的行为，也是属于本能行为，对其行为也不能做善恶评判；严重精神病患者因其不具有识别、控制自身行为的能力，因而也是不能对其进行是非善恶评判的。伦理学的这种认识是正确的。

伦理学还认为，道德行为一般具有三个特征：一是行为是行为者自知的行为；二是行为是意志自由的行为；三是行为与他人存在利害关系。所谓自知，是指行为人知道自己在做什么，对行为目的、行为后果都有清楚认识。所谓意志自由，是指行为是行为人自主选择的结果，即是说行为是自觉自愿的。被人逼迫作出的行为，不是属于意志自由的行为，因而不是属于可以进行道德评价的行为。所谓行为与他人存在利害关系，是指行为对他人有利或者对他人不利。自己做饭自己吃，与他人无关，属于非道德行为，当然也就没有善恶问题。我做的饭，自己不吃，不论是谁吃，只要是给我之外的他人吃，就是属于道德行为，也就有是非善恶问题了。

2008年5月12日，四川发生特大地震。对"范跑跑"在地震发生时的行为怎么看？在笔者看来，如果当时整栋教学楼或教室里只有他一个人，则他的逃命行为属于紧急避险，是一种生物本能行为，因而是非道德行为，是既非善也非恶的行为。客观事实是："范跑跑"的逃命行为并非"非道德行为"，而是可做善恶评价的"道德行为"。因为他是一名教师，正在课堂上上课，教室里除他之外还有几十名学生，因此他的逃命行为就与他人有关了。他作为一名教师，置几十名孩子生命于不顾，只顾自己逃命，就不是善而是恶了。如果他为了逃命还扒开挡道的孩子，那就更可恶了。客观事实是，他逃命的道路上没有挡道的孩子，他也没有扒开孩子的举动，那么这个"更可恶"就可排除了。从这个事例我们可知，能够进行是非善恶评价的行为总是与他人有关，总是与他人存在直接或间接的关系，与他人没有任何关系的行为是不能做善恶评价的。

　　善恶总是与是否有利于他人有关。有利于他人的行为是善；不利于他人的行为便是恶。这是对人的行为进行善恶评价的一般规则。道德的阶级性并不排除这条规则，只使这一规则的运用进行了限定，其结果便是：对本阶级其他成员有利的行为是善的行为，对本阶级其他成员不利的行为则是恶的行为。道德的家庭性、家族性、民族性、团体性、地域性、国家性、世界性，同样要贯彻这一规则。孔子提倡"父为子隐，子为父隐"，就是要在家庭伦理中贯彻这一原则。"父为子隐"对儿子有利，"子为父隐"对父亲有利。"大义灭亲"，对阶级、对国家、对社会有利。善总是有利于他人的。相反，恶总是有利于自己不利于他人。"父为子隐，子为父隐"有利于家而不利于他人、国家、社会的时候，实际上是自己利益的放大，也就是恶。"父为子隐，子为父隐"的真理度，是有条件有范围的。单位、团体、阶级、国家利益，也有需要"隐"的时候，不"隐"而予以揭露是恶，但也有不需要"隐"的时候，此时"隐"而不揭（露）同样是恶。什么该隐，什么该揭，是不易把握的。以上这些说明善恶标准不仅具有阶级性、时代性，还具有层次性。因此，判断具体行为是善是恶，给具体行为正确定性总是不能离开具体情况具体分析。

　　商人经商的目的是求利，其求利行为客观上对别人有利，但不能说商人的行为都是善的。商人的行为并不都是有利于他人的。商人的行为，有的对别人有利，属于善的行为；有的对他人有害，则是属于恶的行为。"主观为自己，客观为他人"，并不能完全真实反映商人行为的性质。

## 三

人之所为作为"人之所欲满足方式"有两个层次：一是人类整体满足所欲的方式，二是人类个体满足所欲的方式。

人之满足所欲的方式，作为整个人类的谋生方式和发展方式，在根本上是不同于动物的。拿食欲满足的方式来说，动物满足食欲的方式只有一种，那就是直接从自然界获取，其方式是直接从自然界"拿来"；人类整体满足食欲的方式则是生产。物质资料生产是人类社会存在和发展的基础。物质资料生产有一个历史发展过程。古人类学一说认为，人类已有400万年到500万年的历史。就中华民族而言，从夏代（奴隶社会）到今天，也才5000年历史。可见，所谓原始社会是非常漫长的，有400万年到500万年之久。摩尔根的《古代社会》，是专门研究原始社会的。他将原始社会划分为两个阶段，即蒙昧阶段和野蛮阶段。而这两个阶段又分别划分为三个时期：蒙昧初期、中期和晚期，野蛮初期、中期和晚期。蒙昧初期始于人猿揖别，终于人类学会捕鱼和用火。蒙昧中期始于吃鱼和用火，终于弓箭的发明。蒙昧晚期始于弓箭的运用，终于制陶技术的发明。野蛮初期以制陶出现为始点，以饲养动物（东半球）和种植玉米等作物，用土坯、石头建房（西半球）为终点。野蛮中期的终点是冶铁技术的发明。野蛮晚期的终点是文字的出现和运用。恩格斯指出："蒙昧时代是以采集现成的天然产物为主的时期；人类的制造品主要是用作这种采集的辅助工具。野蛮时代是学会经营畜牧业和农业的时期，是学会靠人类的活动来增加天然产物生产的方法的时期。"①

根据恩格斯的上述论述，我们可以认为，直接用以满足人之所欲的物质资料生产包含两种类型：一是与动物相同的方式，即直接从自然界

---

① 《马克思恩格斯选集》第4卷，人民出版社1973年版，第23页。

获取食物的方式；另一种方式是依靠人的劳动和智慧增加食物的方式，也就是通过诸如将动物驯服后饲养繁殖、栽培稻谷以至杂交水稻等办法获得食物。显然，在这两种方式中，后一种方式不仅更能体现人与动物的区别，而且决定着人的发展进化以及人性的形成和发展。

物质资料生产是人类社会满足自身欲求的根本途径。那么，物质资料生产有无善恶问题呢？能不能说人类社会的物质资料生产都是善的呢？笔者以为，人类社会的物质资料生产是可分善恶的，并非都是善的。人类社会的物质资料生产，作为一个不断发展的历史过程，是一个逐渐放弃"动物式生产"从而增加"人的生产"的历史过程。这"放弃"和"增加"的原因之一，就是是非善恶等价值判断。没有对自己活动的是非价值判断，就不会有放弃和增加。中国古代的天人和谐理念，内含发展"人的生产"代替"动物式生产"的思想。当代的生态文明理念更是对"人的生产"的科学把握。这从一个方面证明人类社会对自己进行的生产活动是有是非善恶的判断的。

生态文明所表达的思想，是强调人与自然的和谐，要求人进行生产活动的时候，不要破坏生态环境，不要破坏人类的生存和发展的自然环境，不要破坏动物、生物生存的自然环境。其实就是要求人在进行生产活动的时候，不能只想到自己的利益，还要考虑他人的生存和发展，还要顾及动物、生物的生存。这里面既体现人对自然规律的把握，同时也体现出人类特有的价值判断——是非善恶美丑的判断。因此可以说，生态文明本身就是一种价值尺度，是用来衡量人类社会生产活动是与非、善与恶的价值尺度。

人之所欲满足方式，作为人类个体的谋生方式，在根本上更是不同于动物，更有是非善恶问题。观察动物世界可知：当动物个体处于婴幼儿阶段时，其父母是要对幼子所欲的满足担负责任的，但过了这个阶段以后，动物个体满足所欲所依靠的力量就只是个体自身的力量，满足所欲的过程是一个体独立进行的过程。动物虽然也有群体，但动物群体内部没有食物分配，这使动物满足肉体需要遵循弱肉强食的生存竞争规律。人类社会则不同，人类社会个体满足所欲具有这样的特点：

第一，人类个体所欲的满足在婴幼儿阶段虽然是直接依靠其父母或其他长辈，但在根本上是依靠社会的力量；成年人类个体满足所欲固然要依靠自身的力量，但同时更是依靠社会的力量。这也就是说，人类社会的生产本质上是社会生产。单个人离开社会无法进行人的生产，因而无法解决其生存问题。单个人离开社会，虽然可以进行"动物式"的生产，即像动物一样直接地从自然界获取食物，但这种"动物式"生产即使能够进行，也只能使人回归于动物。《鲁宾逊漂流记》所描写的生产，表面上是孤立的生产，其实则是没有完全脱离社会的社会性生产，因为鲁宾逊在那孤岛上进行生产前，不仅已经从社会获得了进行生产的经验和技能，而且还从那条破船上取下了进行生产的必需物质资料，如半袋小麦，1杆猎枪，1包火柴等。

第二，人类社会生产是有分工协作的，分工协作使人类个体所欲满足的方式一开始就具有资源分配的特点。社会分工，最初的形式是具体劳动过程的分工。比如，古人围猎野猪的过程可能就是这样：一些人从东边追赶，另一些人分别在西边、南边、北边堵守，最后将野猪捕获。在这过程中，各人的作用有所区别。而共同劳动的果实——野猪，则可能按照一定的规则进行分配，使每一个人的肉体需要都得到满足。所以，凡是人群共同体共同获得的劳动产品，总是有一个分配问题。食物分配可能是最早的产品分配形式。食物分配产生的直接原因可能是食物供给小于需求，因而存在食物短缺。而最初的食物分配原则不一定就是按劳分配。因为在远古时代的氏族社会里，按劳分配本质上就是按力分配。按力分配，对血缘家庭而言不是最佳选择。动物家庭里所通行的规则是：父母猎食供养幼崽。人性所体现的人的聪明处在于：人能从动物或自身行为习惯中得到启示，以至形成"老吾老，以及人之老；幼吾幼，以及人之幼"[①] 的观念和行为习惯。

第三，人类社会不仅创造了分工以及资源分配来实现个体所欲的满

---

① 杨伯峻、杨逢彬：《孟子译注》，中华书局1980年版。

足，而且还创造了资源、财产所有制以及以所有制为基础的产品交换制度，这使人类个体所欲的满足方式具有多种多样无穷无尽的特点。在原始社会末期，阶级开始出现，阶级产生意味某些个体的所欲满足已经可以通过不参加劳动而得到实现。如果将劳动赋予现代的含义，则可以说自原始社会解体之后，个体满足所欲的方式已经产生了一种特殊的方式——某些个体不需要像大众那样进行劳动就可获得满足所欲的各种物质资料。个体所欲满足方式的这种多样性，也就是职业岗位的多样性。职业多样化，是社会分工发展的标志和必然结果。职业多样化，意味单个人满足自己欲求的方式有了选择的余地。每一职业本身都是一种满足人之所欲的方式。

第四，人类个体满足所欲的方式，作为纯粹食欲的满足方式还表现出这样的特点，那就是往往以家庭为单位甚至更大的单位进行。人类个体满足所欲的方式，作为性欲的满足方式，也就是婚姻制度的发展。人类个体所欲的满足，作为精神需要的满足则是：既有集体的方式，也有个体单独进行的方式。单独进行的过程和集体进行过程的对立统一，既是人类个体满足所欲方式的特点，同时也是个体满足所欲方式多样性的表现和原因。

第五，人类个体满足所欲的过程还具有"让"的特点。动物之间的不争，或者是所欲已经满足，或者是因争不过而无可奈何，"让"是没有的。人类社会却存在这样的情况：己所欲让给人。自己所欲没有满足，却能让他人先满足。这是人类社会独有的现象，体现人类社会与动物世界的区别，当然也就体现人与人、人与动物的区别。

人类个体所欲满足方式所具有的上述特点，使得人类个体满足所欲的行为以及方式，必然具有是非善恶等价值判断的意义。换言之，人类个体满足所欲的方式是可分善恶的。

社会分工不断发展，使职业不断分化并不断产生新的职业，进而使职责产生。职责，是人类社会评价善恶是非的标准之一。这一标准产生后，完全履行职责便是善，玩忽职守便是恶。

资源、财产所有制产生后，所有权具有神圣性。这个制度，对人与人之间的食物以及其他资源争夺做了必要的限制，同时也使人间纠纷有了衡量和解决的尺度。因此，资源、财产所有制也是评价人间是非善恶的重要标准。公有制的意思是说，存在某些具体资源或财产属于大家所有，侵犯公有资源或财产便是恶，维护公有资源、财产便是善。私有制产生后，意味基于财产所有权而产生的维护财产的行为具有正当性，而侵犯所有权的行为当然就不具有正当性；基于资源所有权而使财产不断扩大的行为是善，侵犯或破坏属于他人所有的资源的行为便是恶。

资源、产品交换，是以所有制为基础的。资源、产品交换产生后，是非善恶标准又有了进一步的发展，即使自由、平等、公平成为衡量是非善恶的标准成为必然。资源、产品交换的自由平等，意味交换双方人格上平等，意味交换双方出于自愿而非一方强迫另一方，也就意味强买强卖是恶；资源、产品交换的公平，意味交换双方都实现了利益且不存在一方占了另一方的便宜。自由、平等、公平，是善。强迫、欺诈、不公平，便是恶。

资源、财产所有制的建立，以及交换产生后，并不意味单个人可以完全独立地进行生产，因此，任何社会历史阶段都必然需要进行集体生产。所谓集体生产，在这里是指一群人有组织地完成某种生产项目（如水利工程项目、建造住房或狩猎围猎等）。这种集体生产依靠大家的力量，所依赖的自然资源或社会资源属于大家所有，因而所产生的产品理应属于大家所有。由大家力量而占有或生产的资源要进入个体独立进行的生产过程前，需要有一个分配环节；由大家集体生产的产品在进入个体或独立家庭的消费过程前，也需要有一个分配环节。这两个需要决定资源、产品分配产生。分配中同样存在是非善恶问题，而判断是非善恶的尺度则是"公平"。资源、产品分配的公平，在不同历史条件下有不同的形式。权利平等、机会平等、结果平等，都是公平的形式。但不同的公平形式产生不同的问题，对个体行为有不同的导向作用。"大锅饭"作为公平的形式，本身是善但导致"出勤不出力"的恶；权利平等、机会平等作为公平的形式，本身是善但可导致"两极分化"的恶。主持分蛋糕的人，"近水楼台先得月"固然是恶，但也可包含着善；主持分蛋糕者最后拿蛋糕固然是善，但也可引发恶。计较利益得失，既可是善，也可是恶。善恶标准既是确定的同时又是不确定的。它的历史功绩是，不断推动人与动物的差别越来越大，不断推动人与人的关系和差别发展，从而使人类社会呈现出多种多样的色彩，使人性呈现出善恶并存的局面。

  从电视节目《动物世界》可以得知，动物世界似乎也有类似资源所有制的规矩。比如，老虎就有一定的势力范围。老虎之间的这种势力范围的划分，往往使老虎之间没有争夺，没有纠纷。但是，老虎之间的关系到此为止，老虎之间没有交换。人类社会与动物世界的不同还在于，人类社会不仅创造了资源、财产制度，而且创造了资源交换制度。有了资源交换制度以后，个人满足欲求就有了新招。社会分工的发展和资源财产交换制度产生后，个人满足欲求的方式就随着社会发展而呈现出复杂多样的图景：每个人都以从事某一职业来满足自己的欲求。但每个人满足自己所欲的方式甚至每一具体行为，都是可做是非善恶评价的。因此，人之所欲满足方式是可分善恶的。

# 人性善恶与人性生长的物质基础

## 一

　　人之所欲、人之所能、人之所为，三者互相联系，构成一个整体展现人性善恶。判断人的行为是善是恶，固然首先要看行为本身，但也不能不对人之所欲、人之所能进行考察。离开人之所欲、人之所能的考察，许多时候单独审视人的行为不能作出正确判断。人之所欲是人的行为动机和目的，人之行为则是效果。动机与效果不一致的情况有之，动机与效果一致的情况也有之。单看动机不行，单看效果也不行。我们是动机和效果统一论者。盗者可恶，不仅是行为可恶，而且是所欲、所能可恶。骗子可恶，不仅是行为可恶，而且是所欲、所能可恶。杀人可恶，不仅是行为可恶，而且是所欲、所能可恶。贪污、受贿可恶，不仅是行为可恶，而且是所欲、所能可恶。在某些犯罪案件中，被害人都是值得同情的，他或她，他们或她们是无恶的，甚至正是其善良导致被害的。但是，也有某些案件的被害人本身是具有恶性的。例如被骗者往往就是因其所欲为恶而被骗的。贪污、受贿固然与制度有关，但也总是与某些人的恶劣情欲相关联，总是与具有监管职责的人履行职责缺位有关。职业本身无善恶。医生以医为业，靠医吃饭，生意不好时希望他人生病可恶，是其欲念恶。做棺材的其收入来源在此，生意不好时，希望多死人，希望人早死，可恶，也是其欲念恶。律师收入来源在打官司，生意不好时，希望人间多纠纷，可恶，也是因其欲念恶。人的动机有善恶之分。动机也就必然成为评判人之善恶的依据。道德修养固然要求人谨言慎行，更要求人端正自己的所欲。在一个物欲横流的社会里，道德修养也就必以节制物质生活欲望为表现形式。正是在此意义上，老子的无为要以无欲为基础。而庄子则是以自己的身体力行来体现无欲是无为的基础。

人的行为，与人之所欲、人之所能有着客观的内在联系。人的行为由人之所欲推动，体现人之所欲；人之所欲是人之所为的动力和原因。人之所为体现人之所能，人之所为实现人之所能，人之所能规定人之所为。人之所欲属于人的属性，人之所能属于人的属性，人之所为也就必然属于人的属性；人之所欲是人性之一，人之所能是人性之一，人之所为也就必是人性之一；人之所欲属于人性范畴，人之所能属于人性范畴，人之所为也就必然属于人性范畴。

人的行为是由人之所欲推动的。人之所欲的善恶是人之行为善恶的决定性因素。恶劣的情欲之所以称为"恶劣的情欲"，就是因为它是恶行的动力。恶劣的情欲没有推动人做出恶行前，就还只是观念形态的东西，就还不是现实的恶。只有当恶劣的情欲推动人做出恶行之后，恶劣的情欲才是现实的恶。大家坐在一起吃饭，每个人的食欲都是正当的，都是应当满足的，此时候每个人的食欲都是无善恶的。同样道理，一个未婚男子对一个未婚青春女子产生性欲，是正常的，是无所谓善恶的；反之，一个未婚青春少女对一个未婚男子产生了性欲，也是正常的，也是无所谓善恶的。对此，我们不能做善恶评价。但是，当一个人看到别人吃饭时产生夺下他人之食供自己享用的欲望，则是恶劣的食欲了；当一个已婚男子看到别人的老婆漂亮而生出夺人之妻的欲望，则无疑是属于恶劣的情欲。但是，这种恶劣的情欲只要没有变成行为，如他把这欲望放在心里或者写为日记，既不对那人说也不对其他人说，就不会对他人产生影响，也就还不是现实的恶。但是，当他把自己的想法告知对方或告知他人时,就有善恶问题了。就未婚男女之间的恋爱关系而言,如果对方对你有好感,你的告知也就是对方需要听到的"好消息",其告知行为就是善的;如果对方对你没有好感,你的告知就是对方所不需要的"坏消息",其告知行为就可能被对方视为恶;如果明知对方对自己没有好感还要继续采取"追"的行为,就可能会被对方视为恶劣了。生活中许多因为一方锲而不舍的追求而使另一方接受的事例,则说明人的基于性欲的情感是可以变化的,是非、善恶、美丑的判断是不断变化的,该过程所包含的善恶评价是可以化解和转变的。当人之所欲属于观念形态的东西时,其善恶也就只是思想观念的善恶,其善恶也就只能由具有情欲者自己做出评价。所谓道德法庭有两个,一是人自己的内心,一是社会舆论。由自己的内心对自己的情欲进行评判属于道德修养的范畴,社会舆论对人之情欲进行道德评价则属于社会规则实施的范畴。道德修养的真正目是正确行为,对自己所欲进行评判则是必经的环节。没有这个环节,道德修养事实上就不存在。社会规则实施固然需要严格执行法律制度,同时也需要发挥社会舆论的作用。社会舆论作为社会意识形态要有效发挥作用,则不能没有人内心的那个道德法庭。

人之所能只能通过人的行为才能体现出来。拿吃饭来说,能吃多少也是一种能力。这种能力只能通过吃了多少体现出来。一般而言,人的食欲大小,人能吃多少的能力,是没有善恶之分的,但吃的行为即所谓"吃相"却有是非、善恶、美丑的区别。人有"善假于物"的能力,这"善假于物"的能力也只能通过人的行为以及行为结果才能展现出来。荀子说"人能群"。"人能群"能力,也只能通过人的行为以及行为结果体现出来。马克思讲"人的生产","人的生产"作为人之所能也必须通过人的行为及行为结果体现出来。恩格斯讲劳动创造了人。劳动既是人之所能,而且本是人的一种行为。人的劳动能力也要通过人的行为体现出来。

人之所能也是决定人之行为的重要因素。一般情况下,人之所能决定人之所为的范围、程度。人在行为前总要对自己所能进行一番考量,

论人性：善恶并存　以善为主　>>>

看是否为力所能及，这使人的行为具有理性特征。理性也是人的属性之一。但是，人也有知其不能而为之的情况。如不会水的人下水救人，就是一例。不会水而下水救人，是善，是道德高尚的行为，精神可嘉。不会水而下水救人，也有一种可能，即不仅不能救人，自己还要他人救，所以社会不能提倡。这与孔子讲的"不教民战谓弃之""不教而杀谓之虐"① 的道理相同。力所不及而为之，知其不可而为之，往往体现精神高尚。孔子之所以伟大，之所以受后人景仰，原因之一就是他有着常人没有的"知其不可而为之"的殉道精神。诸葛亮之所以伟大，之所以受后人景仰，原因之一也是因为人们认为他有"知其不能而为之"的奋斗精神。相反，有能力而不为之所以是恶，就是因为精神卑下。孟子批评齐宣王时就批评了这种卑下的精神。他说：为长者折枝是每个人都有能力做的事情，不做这种事情就是不善，就是一种恶。由此可见，人之所能展现人性善恶有两种情况：一是力所不及而为之，一是力所能及而不为。前者为善，后者为恶。

二

从前述可知，人性论所讲的人，不是抽象人，而是现实人，是一定社会制度和一定历史条件下的人；人性论所讲的人性，是指一定社会制度和一定历史条件下的人所具有的属性和特征，即是"一定社会制度和一定历史条件下形成的人的本性"。历史条件和社会制度有不同的一面，这使不同历史条件下的人和人性有所区别；历史条件和社会制度又有相同的一面，这使不同历史条件下的人和人性有相同或相似之处。这也就是说，不论社会制度和历史条件如何不同，人性作为人所具有的属性和特征，都是有其客观的内容的，对此只有认识的不同，而没有事实上的不同。

---

① 杨伯峻：《论语译注》，中华书局1980年版，第144页。

人的属性和特征与人的身体状况是不是没有任何关系呢？当然不是没有任何关系，而是有关系的。这关系是什么呢？这关系就是人性生成发展必有一定的物质基础。人的共性，是都有欲、都有能、都有为。人的个性，即是人与人的不同。要论人与人的不同，就要论所欲不同、所能不同和所为不同。欲不同、能不同、行为不同，体现每个人的个性。人的思想观念的不同、价值观的不同，既是人之所欲不同、所能不同的重要体现，也是其重要原因。换言之，人的"一般本性"或"类本质"作为所有人的共性，是有其物质基础的。婴儿和白痴的所欲、所能、所为之所以不能论善恶，就是因为他们还不具有生长人性的物质基础或者已经丧失人性生长的物质基础。如果要论包括婴儿和白痴在内的"所有人"的"一般本性"或"类本质"，则除开有食欲性欲外，大概就只有相同或相似的身体了，其个性也就只是食欲的区别、本能的区别以及身体方面的区别了，认识这种共性和个性固然也有必要也有意义，但那属于医学或其他学科的任务，却不是人性论的任务。

那么，人性生长发展的物质基础是什么呢？

这显然是一个难以正确回答的问题。我猜想：这恐怕主要是人脑的问题，即人脑的发育是否正常或人脑是否严重损坏。人的属性和特征，无论是人之所欲、人之所能、人之所为，都是与人的智力相关的。人性，作为人的第一特性即劳动，也是与人的智力相关的。而人的智力是以人脑为物质基础的。"关于智力与大脑的关系，早在几百年前就引起了人们的注意。"[1] 1836 年，德国解剖学家 Tiedmann 提出，"脑袋大小和个人展现的智慧之间存在着不容置疑的关系"。有研究认为，人脑与动物脑不同。在重量上，黑猩猩和猩猩的脑重不到 400 克，大猩猩的脑重只有 540 克，类人猿的脑重在 850~1000 克之间，尼安彼特人和现代人的脑重大致相同，达 1500 克左右。脑重与体重之比，人是 1/50，黑

---

[1] 林崇德、罗良：《认知神经科学关于智力研究的新进展》，载《新华文摘》2008 年第 8 期。

猩猩是1/150，大猩猩是1/500。大象和鲸的脑重分别可达6000克和9000克，但大象的脑重只有其体重的千分之一，鲸的脑重只有其体重的万分之一。猴的脑重与体重的比例远远超过人，约为1/18，但猴脑的绝对量太小，不可能包含比人脑更复杂的结构。人的大脑是由1000亿个神经细胞组织而成的，其结构的复杂程度难以想象。有人在20世纪70年代说，人脑结构的复杂程度超过北美全部电话、电报通讯网络系统。人脑这种特殊性，是非常重要的物质基础，决定人脑具有特别强的获得、加工、整理、生产信息的能力。"婴儿时期的人"，脑处于成长阶段，还没有发育成熟。先天性白痴，其脑已经失去发育成熟的可能。弱智、智残、智障，其脑有缺陷。因后天疾病造成的白痴，其脑已经严重损坏。弱智、智残、智障者，其脑虽有缺陷但仍然具有一些人性生长的物质基础。先天原因或后天疾病造成的白痴，已基本失去人性生长的物质基础。动物不具有正常人脑这样的物质基础，也就没有生长人性的物质基础；动物脑的状况，是其动物属性生长和发展的物质基础，在动物脑这个物质基础上是不可能生长出人性的。法律上关于严重精神病患者不负刑事责任的规定及相应的理论，关于10岁以下儿童和严重精神病患者无民事行为能力的规定及相应的理论，也印证了我们上述判断的正确性。

  人脑，是一种自然的东西，或者说主要是由遗传决定的，但不能以此为根据认为人性属于自然范畴。就人类整体而言，人脑与遗传有关是事实，与人的后天有关也是事实。也许可以说，今人的脑是遗传以及人的后天实践共同作用的产物。古人所处环境以及实践活动对人脑的改变，已经通过遗传保存至今；今人的脑结构和功能及实践活动对脑的发展作用又将通过遗传传承给后人。人类社会的历史，在某种意义上也许就是人脑的发展历史。人类社会历史不仅创造、积累着物质的精神的政治的文明，而且积累着发展着人脑这一人性生长的物质基础。如果我们的这种判断能够成立，则进一步说明毛泽东判断的科学性。他说："自从人脱离猴子那一天起，一切都是社会的，体质、聪明、本能一概是社会的,不能以在母腹中为先天,出生后才算后天。要说先天,那末,猴子是先天,整个人类是后天。拿体质来说,现在人的脑、手、五官,完全是在几十万年的劳动中改造过来了,带上社会性了,人的聪明与动物的聪明,人的本能与动物的本能,也完全两样了。"[①] 这也就是说,人的身体特别是人脑这一人性生长的物质基础,本身也是人类社会的产物,因而不能仅仅理解为纯自然的产物。就人类个体而言,人脑是人性生长和发展的物质基础,遗传即所谓先天禀赋对个体脑的状况是有决定性作用的,但后天因素(包括脑的运用),对个体脑的状态也有决定性的作用。决定人脑状态的因素不是唯一的,不是只有一个遗传,不是只有后天的物质生活状态,还有脑的运用等多方面因素。"用进废退",同样适用对人脑发展的把握。因此,人类个体的脑也不是纯自然的产物,在这个物质基础上产生的人性就更不是纯自然的范畴。

## 三

人性生长发展的物质基础是发展的。这一判断的依据在于:现代人的脑与几十万年前的人脑是有区别的,当代人的脑与古代人的脑也是有区别的;今人比古代人更聪明些。寻找这方面的事实根据是困难的。有时候甚至还可找到相反的证据。比如,埃及金字塔建筑之谜、三星堆出土文物之难以复制,都可能使人产生古人比今人聪明的判断。但是,按照辩证法所揭示的规律,则可以认定人类在整体上是走向更为聪明的。

那么,人性生长发展的物质基础为什么会发展呢?人性生长物质基础的发展基础又是什么推动的呢?或者说,今人为什么要比古人更聪明呢?

---

[①]《毛泽东文集》第3卷,人民出版社1996年版,第83页。

对此问题，马克思主义哲学给出了回答。马克思主义哲学认为，人脑是伴随着人的实践活动不断发展的。而推动人脑不断发展的东西不是别的什么，而是人的实践活动。正是人的实践活动，使人脑获得了不断发展的动力和基础。正是人的实践活动作为一个永无止境的历史长河，使人脑的发展永无止境。

人是由类人猿进化而来的，人脑也是由类人猿的脑进化而来的。类人猿转变为人的根本原因是劳动，类人猿脑转变为人脑的根本原因也是劳动。人脑出现后，人脑还是不断发展进步的，其根本原因还是劳动。

当我们认识到，人性生长必有其特定的物质基础后，我们就可探寻这特定的物质基础是什么；当我们确认人性生长所依赖的特定物质基础主要是人脑后，我们就必然要研究如何保护并发展人脑；当我们确知人脑的保护不仅是一个医学问题而且是一个心理学问题时，我们就必然要将心理健康以及脑保健纳入身体健康的研究范畴；当我们知道人脑的发展与用脑以及实践活动密切相关时，我们就必然要研究科学用脑并积极投身于改造自然、改造社会以及科学实验的实践活动。

当我们认识到人性生长有其物质基础时，我们就可得出结论：人性论所讲的人，是具有生长人性物质基础的人；人性论科学所讲的人性，是具有生长人性物质基础的人所具有的属性和特征。换言之，人性概念的内涵，也就是"具有生长人性物质基础的人"所具有的属性和特征。如果"具有生长人性物质基础的人"所具有的属性和特征是唯一的，则人性概念的内涵就是唯一的，如果"具有生长人性物质基础的人"所具有的属性和特征是多方面的，则人性概念的内涵就是多方面的。

事实上，"具有生长人性物质基础的人"所具有的属性和特征，不仅与"一定社会制度和一定历史条件下形成的人的本性"是相通的，而且是多方面的。人之所欲、人之所能、人之所为，都是人的属性和特征；人之所欲、所能、所为以及它们所具有的善恶二重性，都是人的属性和特征。婴儿、白痴以及严重精神病患者，虽然有其所欲、所能和所为，但与正常人的属性和特征相比，是有本质区别的。而一定历史阶段的社会制度和文化条件下的具体管理人的行为却可以使正常人所拥有的生长发展人性的物质基础丧失，从而使某些现实的个人转变为精神病患者，对这种事实是不能视而不见的。

# 人的第一特性与人性善恶

## 一

所谓人的第一特性，是指人的根本特性，或者说，是指人的最基本特征。人的第一特性是相对其他特性而言的，它与人的"一般本性"既有内在联系也有本质区别。人的第一特性，既包含在人的"一般本性"之中，又决定着人的"一般本性"的生成和发展。人的"一般特性"内涵丰富，不是指人的某个基本特性或基本特征，而是指人的基本特性或基本特征的全部。因此，人的第一特性，是人的根本特性。人的第一特性，应当是决定人与动物相区别并使这种区别越来越大的东西。因此，人的第一特性并不等于人性。用告子的话来说，就是榉柳树不等于杯盘。

所谓人的最基本特征，是相对人的基本特征而言的，它既属于人的基本特征，又与人的其他基本特征有别。人的最基本特征，是区别人和动物的根本尺度，它决定人的其他基本特征的生成发展。因此，人的最基本特征，是决定人与动物相互区别的根本，是决定人与动物区别越来越大的东西。也因此，人的最基本特征并不等于人的基本特征或人性。

从上述可知，人的第一特性与人的最基本特征或最根本特征不仅是相通的，而且就是一回事，是指同一对象，它决定人性的生成和发展，属于人性，但又不等于人性。

那么，人的第一特性或最基本特征或最根本特征是什么呢？马克思主义人性论对此做出了科学回答。恩格斯在《劳动在从猿到人转变过程中的作用》里说：劳动"是整个人类生活的第一个基本条件，而且达到这样的程度，以致我们在某种意义上不得不说：劳动创造了人本身。"①

当我们将人的第一特性理解为劳动后，我们可以看到，正是劳动使类人猿"在平地上行走时摆脱用手帮助的习惯，渐渐直立行走"，从而"完成了从猿转变到人的具有决定意义的一步"；正是劳动使人的"手变得自由了"，使手不仅成了劳动的器官，而且成了促进脑发展的器官，因而手也是"劳动的产物"；正是劳动使语言产生并不断发展着，进而使人体的发音器官得到发展；正是劳动使人脑与类人猿脑相互区别，使人脑不断发展。正因为类人猿转变为人的根本的直接的推动力及实现过程都是劳动，所以说，劳动是人的第一特性或基本特征或最根本特征。劳动不仅使人与动物区别开来，使人的手变得灵巧，使人的语言产生并不断发展，使类人猿脑发展为人脑并使人脑不断发展，而且使"新的因素——社会"产生，而社会产生使人的"这种发展一方面获得了有力的推动力，另一方面又获得了更确定的方向。"②

毛泽东说：人和动物"最基本的区别是人的社会性，人是制造工具的动物，人是从事社会生产的动物，人是阶级斗争的动物（一定历史时期），一句话，人是社会的动物，不是有无思想。一切动物都有精神现象，高等动物有感情、记忆，还有推理能力，人不过有高级精神现象，故不是最基本特征。"③

毛泽东在这里没有将人的最基本特征归结为劳动，而是归结为社会性。那么，人的社会性是不是就是人的第一特性，人的社会性是不是就

---

① 《马列著作选读》（哲学），人民出版社1988年版，第586页。
② 《马列著作选读》（哲学），人民出版社1988年版，第586页。
③ 《毛泽东文集》第3卷，人民出版社1996年版，第81页。

是指劳动呢？毛泽东对此给出了肯定的回答。他说："原始人与猴子的区别只在能否制造工具一点上，自从人能制造石枪、木棒以从事生产，人才第一次与猴子及其其他动物区别开来，不是因为有较猴子高明的思想才与它们区别开来，这是唯物史观与唯心史观的分水岭。"① 显然，人与动物的真正区别是从能制造工具的劳动开始的，正是以能制造工具为标志的劳动使人之所欲、人之所能（包括人的较猴子高明的思想）、人之所为产生并不断发展。而所谓劳动，即作为人的第一特性的劳动，本质上就是人的生产实践活动。因此，在一定意义上将实践归结为人的第一特性也是可以的。

人的第一特性与"人的一般本性"，是存在内在联系和相互作用的。人要吃喝决定人必须解决食物问题，但是取得食物的方式在类人猿那里属于本能活动而不是劳动，一旦类人猿以劳动解决食物问题，则类人猿就转变为人了，因此类人猿转变为人不是由食欲决定的而是由劳动决定的。在此前提下，我们可以看到人的第一特性与一般特性之间存在互动关系：一方面是人之所欲特别是要吃要喝要穿要住之欲决定人必须劳动，必须进行物质资料的生产。因此，物质资料生产是人类社会存在和发展的基础。另一方面，是人的生产活动即劳动决定人之所欲、人之所能、人之所为不断发展进步。也就是说，人之所欲是人从事劳动、从事生产的动力，是人从事其他活动的动力，而人之所欲的扩展又是以人类劳动为基础的。人之所能，在根本上就是人生产物质资料的能力，但这种能力以及其他能力都是在生产活动即劳动过程中产生、发展的。人类社会的物质资料生产能力，即生产力，不仅决定人之所欲满足的程度，而且决定着人之所为的发展程度。正是在此意义上，生产力才是决定人类社会历史的最后因素。人之所欲不断扩展为社会生产力提供不竭动力，人之所能不断发展为生产力发展提供保证，人之所为不断发展则为生产力发展提供了现实途径和标志。因此，在一定意义上也可以说，没有人之所欲、所能、所为的发展，就没有生产力的发展。反之，没有

---

① 《毛泽东文集》第3卷，人民出版社1996年版，第81~82页。

生产力不断发展，也就不会有人之所欲、所能、所为的发展。

在一定意义上可以说，人的第一特性与"人的本质"之间的互动关系，也就是生产力与生产关系之间的互动关系。一方面是生产力决定生产关系，另一方面是生产关系推动、制约生产力发展。人的本质作为"一切社会关系的总和"，其内容首先就是生产关系。生产关系，在存在人与人的利益差别的历史阶段，本质上就是人与人之间的利益关系。利益关系，是以人们计较利益为前提的。"计较利益"，即计较利益得失有两层含义：知道计较利益；能够计较利益。知道、能够，都属于能力范畴。知道计较利益、能够计较利益，作为人的能力，都是后天获得的。3岁小孩计较利益的能力总是要比10岁小孩弱。人与人计较利益能力的强弱，是社会造成的。人类社会的历史发展是一个这样的过程：没有人与人的利益关系的时代——有人与人的利益关系的时代——没有人与人的利益关系的时代；不知道计较个人利益得失的时代——知道计较个人利益得失的时代——无需计较个人利益得失的时代。这种时代转换以及之所以能够转换，在根本上都是由生产力状况决定的，是由劳动推动的。而生产关系作为人类社会不同历史阶段的自觉的制度安排，则不仅对生产力发展起着推动或阻碍的作用，而且决定着人性的状况和发展。

## 二

将人的第一特性归结为劳动，其含义其实是说，人性的产生和发展在根本上是由物质资料生产及发展过程决定的，却不是说人性的产生和发展只是由物质资料生产这一个因素决定，更不是说一个人只要劳动着其人性自然就是善的。换言之，劳动对人的手脚分离，直立行走，语言的产生和发展，文学艺术的产生和发展，人的智力发展，人脑的发展等，都有直接的决定性的作用，但对人之所欲、人之所为分善恶，对于

117

人性善恶却没有直接的决定作用。人性善恶，不是直接由劳动派生的，也不是直接由劳动决定的。

物质资料生产发展，是一个客观过程，即是一个"自然历史过程"，这决定人性的产生和发展也是一个随着物质资料生产发展而发展的"自然历史过程"。但是，我们在这样认识人性生成发展问题的时候，绝不要忘记人本身是参与了这一过程的。这也就是说，人的参与是这一过程的构成要素。因为人是依靠自身的力量和智慧走出动物世界的。直立行走、几个石头磨过，虽然是人猿相揖别的标志，但只是人类走出动物世界的第一步。此后如没有第二步、第三步、第四步和后继的步伐，或者第二步、第三步、第四步不成功，人类还得退回到动物世界去。比如，人类学会用火一开始就只能达到变生食为熟食的效果，学会捕鱼虽然可使人类的食源大为增加，但捕鱼本质上还是从自然界直接获取。发明了弓箭，也只是增强了猎获动物的能力，而狩猎在本质上仍然是直接从自然界"拿来"。当人类学会了饲养动物，能够成功种植玉米、小麦、小米、水稻等农作物，学会了制陶，用土坯、石头建房以及冶铁技术的时候，人类也就开始了真正独立于动物世界之外的自由生存和发展，其满足所欲的方式也就开始真正不同于动物了。人类至今还不能不从自然界直接拿来，开采煤炭、石油、采伐树木等，本质上还是直接从自然界拿来。人类生存发展永远不能不利用自然。自然资源，特别是土地，永远是人类满足所欲所需的源泉。因此，人类必须善待自然。善待天地求生存求发展，是人类生存发展的根本。这"根本"的实质是，人类能以动物不同的方式满足自己之所欲，其特征是综合利用自然界的一切，并对自然界的一切予以恰当的改变。这当然就包括对自然环境、野生动植物的保护等。生态文明的本质，是综合地利用自然而不破坏自然，是在利用自然的基础上对某些自然物加以适当的改造，是在不以人的行为引起自然环境气候剧烈变化的前提下通过人的劳动创造物质资料以满足人之所欲。

因此，在一定意义上可以说，人性产生和发展所依赖的不是物质资料生产，而是马克思所讲的"人的生产"。所谓"人的生产"，作为劳动是与创造性相联系的劳动，而不是仅仅以获得物质资料或生产物质资料为特征的劳动。这也就是说，人类解决生存问题的方式不同于动物，体现了人与动物的区别，从而也就体现了人性与动物性的区别。但是，人类解决生存问题的劳动，如果仅仅只是生产出更多的物质资料，那就还不是决定人性生成发展的劳动。这样一来，劳动就可分为两种：一种是广义的劳动，即以获得物质资料为特征的劳动，另一种是狭义的劳动，也就是与创造性相联系的劳动。如果有了这种区分，我们就能正确理解恩格斯讲的"劳动创造了人"。换言之，人与动物的区别是多方面的，而最基本的区别则是：与人相联系的是劳动，与动物相联系的则是本能活动。动物的本能活动与人类的劳动在本质上是不同的。在人的劳动没有产生以前，动物的本能活动就已经存在，人的劳动是动物本能活动的发展，而这种发展引起人类的产生。因此，强调劳动与动物本能活动的区别是十分重要的。如果我们不能认识清楚劳动与动物本能活动的本质区别，就必然不能认清人的根本属性和本质属性。因此，仅仅笼统地讲劳动创造了人还是不够的。如果没有与创造性相联系的劳动，人与动物的区别越来越大是缺乏根据的。正因为事实上是与创造性相联的劳动使得人类社会不断进步，使得人不断发展，所以，在这一定意义上将人的第一特性归结为"创造性劳动"，也许更为确切些。而将人的第一特性归结为"与创造性相联系的劳动"之后，则又可以说：人性，人的所有属性和特征，不是纯自然的，不是自然生成的，不是上帝赋予的，而是人自身创造的，是人自己造成的。这当然是就整个人类而言的，而不是对个体而言的。

## 三

从前述可知，人之所欲不同于动物，人对待所欲的态度不同于动物，人之所欲满足方式不同于动物，都是人的本性，都体现人的本性。人之所欲、人对待所欲的态度、人的满足所欲方式，都是可分善恶的，甚至管理人的方式和行为也是可分善恶的。

　　人之所欲、所能、所为的善恶，是以人具有一定的智力为基础为前提的。婴儿、白痴以及严重精神病患者，都是以不具一定智力或判断力控制力散失为特征的。所以婴儿、白痴以及严重精神病患者是不具有是非善恶判断能力的，是不具有行善作恶的能力的，因而对其所欲、所能、所为，是不能做是非善恶判断的。正常人则不同，正常人都是具有一定智力水平的，或者说正常人的智商是相同或相近的，都具有是非善恶的判断能力和控制自己行为的能力，因此正常人不仅都是可以行善为恶的，而且都是自觉且有意识地选择自己行为的。人的行为的可选择性表明：人性善恶是要自己负责的，人性善恶是以人的智力水平为基础的。没有一定的智力水平，就不会有正常人性的生长和发展。

　　决定人的智力水平的因素和阶段则有两个：一是决定人脑这个物质基础的阶段和因素，二是以正常人脑为物质基础的发展阶段和因素。人脑的状况，首先是由先天的因素即遗传决定的，其次是由后天的因素即人脑正常发育决定的。先天的遗传因素对个体来说，就是其父母赋予的遗传物质，即遗传基因。后天的人脑正常发育即是遗传基因的正常发育，这个过程与各种损害脑的疾病相冲突。认识了这些，自然就能认识到优生的必要性以及人的婴幼儿阶段对于人性生长的重要性。当人拥有正常人脑这个物质基础之后，其决定智力水平的因素则可归结为后天的学习。"学习"是一个内涵非常丰富的概念，其外延包括所有的学习形式和途径。读书是学习，实践活动更是学习；模仿是学习，创造更是学习。人类发展史告诉我们，所谓学习是可以归结为人的实践活动的。人的实践活动可分为改造自然、改造社会和科学实验。改造自然，即获得物质资料的生产活动，是人类最基本的实践活动。正因此将这一实践活动用劳动一词来概括也是可以的。正因为客观事实如此，所以我们又可以说，人的智力水平是由劳动决定的。而劳动方式，即狭义的生产方式是由生产力决定的。生产力既决定能够生产什么，也决定怎样生产；既决定人脑的结构水平，也决定保护人脑的方式和水平；既决定人的智力水平，也决定人的智力水平所产生的行为选择。人的行为既要服从客观规律，同时又有自觉能动性的特征；既受客观必然性制约，又有着自觉的选择性。而选择是以具有一定智力水平为前提的。

生产力发展，不仅表现为人的选择能力，而且表现为可供选择的方式和对象。没有电话，人们只能选择口语、书信或大字报的方式对他人实施攻击。有了电话以后，有人就选择电话骚扰的方式攻击人。电视剧《手机》有句台词：手机使人成为风筝，演员陈道明则认为，手机改变了人性。人类发明弓箭的目的本是狩猎，后来却成为射人的武器。人类学会用火以后，火不仅用来熟食，而且用来"火烧赤壁"。生产力本身是无善恶的，科学技术本身是无善恶的，但人们的运用却有是非善恶问题。所谓"手机改变人性"不能归罪于手机，而是人出了问题。而人的问题也不是因为人有智力，而是在于社会出了问题，确切说是因为社会制度和文化出了问题。

人类社会历史还表明：人之所欲、所能、所为的发展，都是正常人所欲、所能、所为的发展。因此，对于一个拥有正常人脑的人来说，其所欲之中虽然有自然的部分，有纯自然的东西，但主要的方面或主要的部分则是属于社会的。人对待所欲的态度更是社会的，没有社会制度和文化的作用，人对待所欲的态度就会与动物相同。甚至，不好的社会制度和文化会使一些人以动物的态度对待自己的所欲。人满足所欲的方式与动物不同，也是社会制度和文化赋予的。对于一个拥有正常人脑的人来说，其所能中虽然也含有自然的本能，但主要的方面、主要的部分同样是属于社会赋予的，是在社会制度和文化的作用下通过学习和实践活动形成发展的，因而是与人的第一特性紧密相连的。因此，人之所能本质上就是人的劳动能力。人的劳动能力由人的认识能力、行为能力构成。人之所能与知识有着内在的联系。知识分为自然科学知识和社会知识。自然科学知识本身是无善恶问题的，但其运用是有善恶之分的。社会知识本身有善恶之分，其运用更有善恶之分。正因为社会知识有善恶之分，所以人之所能也是有善恶之分的。对于一个拥有正常人脑的人来说，其所为之中固然也有部分属于自然的东西，属于本能性行为，但主要的方面或整体上看则是属于社会，属于非本能性行为。人之所为体现人之所能，人的劳动能力要通过劳动行为体现出来。人之所为体现人之所欲，人之所欲存在于人的身体和人的头脑，但要通过人的行为才能展现出来。因此，把握人之所欲和人之所能必须把握人之所为。人之所为可分善恶，判断人之善恶必须考察人的行为。

总之，人的所欲、所能、所为之所以会具有善恶二重性，是以人具有正常人脑这个物质基础为前提的，是以人具有进行实践活动这一人的第一特性为基础的。人之所欲、所能、所为之所以不同于动物，之所以不同于婴儿、白痴和严重精神病患者，是因为人有着不同于动物的脑，是因为人有着不同于婴儿、白痴和严重精神病患者的脑；是因为人必然要进行各种各样的实践活动。人有着正常人的头脑以及健康的身体决定人之所欲、所能、所为中必有部分自然的属性，正常人必然要进行各种各样的实践活动则决定人之所欲、所能、所为在整体上属于社会，其内容主要是社会的，而不是纯自然的。这同时也说明，在人的多方面属性中，人的与创造性相联系的劳动即"人的生产"能力，是人的最根本的属性。正是人的这一属性使人具有特别能进化的能力。人与动物的区别基于这种能力，而这种能力又不断地扩大人与动物的区别。"人的生产"使人类社会所创造的制度和文化不断发展。人类社会所创造的社会制度和文化，总是内含推动人与人进行竞争和合作的机制，进而推动人类社会不断进步，使人不断进化，使人性生成并不断发展。动物世界没有这样的机制。人性理论不能无视这种机制对人性生成及发展的影响。但是，作为人的第一特性的创造性劳动本身并不直接产生人性的善恶。人性的善恶二重性是由社会制度和文化决定、派生出来的。

马克思所讲的"人的一般本性"和"每个时代历史地发生了变化的人的本性"，之所以既可理解为人之所欲所能所为的全部，也可理解为人之所欲的全部，就是因为人之所欲不仅是多方面的，而且是发展着的，要根据效用原则来评价人的一切行为、运动和关系等，就必须以发展着的人之所欲为尺度。而人之所欲的发展，是人之所能所为发展的结果，即是人类社会历史发展的结果。没有人之所能所为的发展，就不会有人之所欲的发展。反之，人之所欲的发展又是人之所能所为发展的动力。没有人之所欲的发展，也就没有人之所能所为的发展。因此，"人的一般本性"和"每个时代历史地发生了变化的人的本性"，就不能不是人之所欲所能所为的全部。仅以人之所欲，或者仅以食欲性欲作为"人的一般本性"，就离开了历史唯物主义，也就必然不能正确认识人性或人的本质。而人之所欲、所能、所为的发展是从几个石头磨过的劳动开始的，或者说以此为始点的"人的生产"虽然对人与动物的区别不断扩大起了决定性作用，但这只是第一步，况且也不是只有这第一步决定人性的产生和发展，要论人性的生成发展必论社会制度和文化的作用；社会制度和文化不仅仅是为生产服务的，它还是为人类进步服务的。

# 人性善恶的制度文化根源

一

马克思说:"人的本质并不是单个人的固有抽象物,在其现实性上,它是一切社会关系的总和。"① 马克思的这一论断,从哲学的高度科学解决了人性论的诸多基本问题,是我们科学理解人性内涵、人性生长、人性发展以及发展趋势等问题的重要锁匙。

关于马克思的这一著名论断,一般都是这样理解的,即将人的属性分为自然属性和社会属性,认为人的本质不是人的自然属性而是人的社会属性。这样理解固然没错,但有两个问题:一是把饮食男女等人的自然属性与人的社会属性分割开来,从而造成人性板块结构的印象,为性恶论留下了存在的空间;二是使人的本质与人性的关系处于模糊状态,以至将这两个概念混为一谈。

事实上,马克思的人的本质理论,具有两个方面的意义:一是将现实人的人性科学概括为"一切社会关系的总和",而"一切社会关系的总和"是可做善恶评判的;二是科学揭示了人性善恶并存以善为主的原因。

就第一方面而言,我们必须认识到人的自然属性与人的社会属性是

---

① 《马克思恩格斯选集》第1卷,人民出版社1972年版,第18页。

不能分别独立存在的,二者是不能分割的,也不是板块结构。人的本质属于人性范畴,人性是人之所以区别于动物的所有特性之和,人的本质即人的本质属性是人的属性的一个或几个方面。人性是整体,人的本质是部分,人的本质虽然是人之为人以及人是什么样的人的决定性因素,但毕竟只能在特定条件下等于人性,而不能在所有情况下与人性相等。

就第二方面而言,我们必须认识到,马克思将人的本质归结为"一切社会关系的总和",是为人们正确理解人性,特别是为科学解释人性的生长发展提供一个正确的研究方向,而不是说将人性归结为人的本质,再将人的本质归结为"一切社会关系的总和"就够了。这也就是说,马克思的人的本质理论固然是科学解决人性问题的根本理论,但不是科学的人性理论的全部。

因此,正确理解马克思的人的本质理论,需要注意以下三点。第一,"一切社会关系的总和",不是单一的而是多方面的社会关系总和。生产关系虽然是全部社会关系的基础,但不是"一切社会关系的总和"。这也就是说,人的本质以至人性不是仅由某一方面的社会关系决定的,过去那种以出身论人性的方法是片面而错误的。第二,"一切社会关系的总和"不是某一历史阶段的全部社会关系之总和,而是整个人类社会全部社会关系之总和。这也就是说,人性是由人类社会的全部历史决定的,是由全部历史造成的。第三,人的本质以至人性的生长、发展过程,就是全部人类社会历史。这也就是说,人性作为人的属性,作为一种特殊的客观存在,有一个产生、发展的历史过程,而这个过程还是没有完成的。正因为这个过程远没完结,所以人才是一种未完成的存在。

## 二

人的本质理论对人性论的主要意义,在于解决了人性生成、发展的原因问题。所谓解决了人性生成发展的原因，也就是解决了人性善恶并存，有善有恶，以善为主的根源问题。

为什么人间会有善恶？为什么有的人行善，有的人作恶？为什么有的恶人在临终之前有良心发现？这些问题需要回答，需要解释。从一定意义上可以说，从古到今的人性理论都用自己的术语建立起自己的理论体系对这些问题做出了回答。但只有马克思主义人性论，即人的本质理论的解释是科学的。

荀子的性恶论以人有欲为根据来论证人性本恶。性恶论之所以站不住脚是因为人之所欲，特别是人的食欲、性欲、乐欲，作为生理反应和生理需求，是没有是非善恶之分的，将人的这些欲望归结为万恶之源是错误的。人有这些欲，动物也有这些欲，以这些欲来区分人与动物是区分不了的。人的食欲、性欲、乐欲，确实是推动人行为的原始动力，因而将其视为恶之源似乎有些道理。但是，人间的善又是因何而产生的呢？荀子的解释是圣人能够"化性起伪"。所谓"化性起伪"是说，人性本是恶的，而圣人却可以人为地制定礼义法度，从而规范人的行为，致使善得以产生。那么，圣人为什么要制定礼义法度呢？圣人为什么又能够制定礼义法度呢？圣人所制定的礼义法度为什么能够为人们所接受呢？荀子没有自问这些问题，与他同时代的人也没有问他这些问题，以至荀子之后很长时间内都没有人提出这些问题。马克思主义不仅提出了这些问题，而且正确地回答了这些问题。马克思主义认为，正是人的"一切社会关系总和"产生了人间的善恶并赋予人有辨别是非善恶的能力，圣人制定礼义法度不过是顺应人类社会历史发展的要求而已，圣人制定的礼义法度虽然对规范调整人的行为以至人与人的关系起了重要作用，但其内容不过是社会经济关系即人与人的利益关系而已；因此，所谓圣人制定礼义法度也就不过是充当社会关系总和之手而已。如果圣人不按照社会关系总和的要求制定礼义法度，社会关系总和这个"巨人"就会宁可不要这只手而换一只手。历史的规律就是如此。圣人决定历史只是历史的表象，历史的本质是社会关系总和决定历史发展的总方向和大趋势。识时务者为俊杰。历史上的俊杰不过是识时务者而已。现代博弈论则认为，社会制度都是经过博弈而产生、发展的。这与马克思主义的阶级斗争理论的解释，至少是相似的。历史学科中的"让步政策"观点，实际上与阶级斗争学说是不存在逻辑矛盾的。因为一方"让步"是以对方进攻为前提的，"让步"是斗争的结果。

孟子的性善论以人有善根或"四端"为根据来论证人性本善。孟子的理论虽然提出了人之所以为人即人之异于禽兽的道德尺度，却没有解决两个问题：世间为何有恶？人的善根从何而来？动物是没有善恶观念的，对动物行为做善恶评价是没有意义的；人之初，即婴儿时期的人也是没有善恶观念没有是非辨别能力的，对婴儿行为做善恶评价也是没有意义的；过了婴儿期的人（除先天性白痴和后天脑膜炎等疾病而无行为能力者外），已有一些是非善恶美丑观念和辨别能力，其某些行为也是可以并且应当做善恶评价的。这也就是说，过了婴儿时期的任何人都是既有善根也有恶根的，都是有是非善恶辨别能力的。幼儿，已有一些是非善恶观念，已经具有初步的行为选择能力。所以，"融四岁能让梨"，也能抢梨。"融四岁能让梨"，是善的行为，如能得到褒奖就进一步种下了善根。如果融3岁抢梨，受到鼓励就种下恶根了。如果融3岁抢梨被视为恶，其父母一经发现就要进行教育，就予以纠正，则恶的生长就会停止。现在，有的家长为自己的儿孙在幼儿园不能抢或者没有抢到而着急，回家后面授如何抢的方法和诀窍，——这就种下恶根了。笔者在长途汽车上听到一位母亲与她的3岁儿子的对话：儿子说，"×哥哥笨蛋，要去了我的枪"；母亲说，"他才不笨呢！你才是笨蛋，你为什么要给他！"这是不是在种下恶根？所以，善根不是遗传基因，恶根也不是遗传基因，二者都是人们"种"下的。在时间上，这"种"开始于人之出生，终于人之死亡。"种"的主体包括父母、兄弟姐妹以及亲戚，包括老师同学、领导同事，包括朋友和敌人，还包括我们每个人自己。准确地说，"种"的主体其实是整个社会，也就是人的"一切社会关系的总和"。

就"种"的种子而言,"种子"就是善根和恶根,也就是人的"一切社会关系的总和"。奴隶制作为历史上的一种物质利益关系,必然会在奴隶心里"种"下对奴隶主的仇恨种子,同时也必然会在奴隶主心里"种"下仇视奴隶的种子;必然会使奴隶对其他奴隶产生同情心,同时也必然会使奴隶主之间产生合作的心理。封建制作为历史上的一种物质利益关系,必然会在农民心里"种"下对地主的仇恨种子,同时也必然会在地主心里"种"下对农民的仇视种子;必然会使农民对其境遇与自己差不多的人们产生同情心,同时也必然会使地主之间产生联合的要求。资本主义作为一种物质利益关系,必然会使工人产生被剥削的心理,必然会使资本家产生防范工人的心理。只要有剥削存在就必然要产生敌我对峙的阵线,而每一方都会产生"我们是同一战壕的战友"的心理。敌我阵线一旦形成,则一方必以对方的观念和行为为"恶",而以己方的观念和行为为"善"。环境比人强。环境固然包括山水气候等自然条件,但其主要部分则是"一切社会关系的总和"。善恶之根不在人欲,而在社会。善恶之根并非天生,而是社会的"一切社会关系的总和"种下的。

人的善恶观念,善恶评判尺度,人的善行恶行以及人的善的恶的欲望等等,都是"一切社会关系的总和"种下的,其内容也是"一切社会关系的总和",甚至人性发展的走向也是由"一切社会关系的总和"决定的。

那么,教育和人的主观能动性起什么作用呢?

教育、人的自主学习,对人性生成发展,都是起了作用的。但是,教育、学习都是受"一切社会关系的总和"制约的。教育、学习和实践,是一切社会关系总和"种"下善恶之根的三种具体途径和方式。

第一,教育是"种"下善根和恶根的重要途径。毛泽东说:"所谓是非善恶是历史地发生与发展的,历史地发展的相对真理与绝对真理的统一,不同阶级的不同真理观,这就是我们的是非论。道德是人们经济生活与其他社会生活的要求的反映,不同阶级有不同的道德观,这就是我们的善恶论。"① 教育作为社会规范教育本质上是一种是非论、善恶论的教育，也就是是非、善恶、美丑、荣耻等观念的教育，其结果是形成人的是非、善恶辨别能力。历史上的所有教育，总是以反映该社会的主流社会关系及要求为己任的。因此，每一社会历史阶段都有其主流价值观，每一社会的教育都必然要以灌输主流价值观念为己任。君主制社会的教育必然尊君。民主社会的教育必然尊尚民主。为使社会有序，就要规定何为犯罪。人们在种下"杀人者死"观念的同时也必须种下"杀盗非杀人"的观念，在种下"犯上作乱大逆不道"的观念的同时也要种下"诛纣非弑君"②的观念。所以，人性是善恶并存的。人在出生以后就开始接受教育。错误的恶的教育，种下恶根。正确的善的教育，种下善根。而所谓正确与错误的教育，在阶级社会里是有阶级标准的。因此，阶级社会的是非、善恶、美丑教育既不可能绝对善，也不可能绝对恶，教育内容总是善恶并存的。

怎样对待人之所欲，是任何教育都不能回避的问题。经济制度总是以它内含的利益激励机制，以不教为教的方式扩张人之所欲，致使一些人贪得无厌，为满足其无止境的欲求而不择手段。错误的教育往往以扩张人的物质利益欲望为本质特征。错误的教育观认为，人的本性是自私自利，教育人不自私既违背天性也不会有实际效果，相反，人在为自己打算为自己谋取物质利益的过程中还会产生有利于他人利益的客观效果。因此，错误的教育总是将发展人的物质利益欲望视为天经地义。"人不为己，天诛地灭"，既是错误教育主体所信奉的信条，也是一切错误教育必有的内容。正确的教育观认为，社会经济制度既已为人欲扩张提供了动力，教育则应当抑制人欲的扩张。因此，即使是以维护发展一定阶级的利益为出发点的正确的教育，也总是内含对人的物质利益欲望的抑制。历史上的教育，不论正确的教育还是错误教育都是以教人学会做人为目标的，但"会做人"的标准即人之所以为人的衡量尺度是

---

① 《毛泽东文集》第3卷，人民出版社1996年版，第84页。
② 孟子的原文是："闻诛一夫纣也，未闻弑君也。"

不同的，其分野则在是否抑制人的物质财富欲望过度膨胀。走向未来的教育，其真正价值不是发展人之物质财富欲望，而是发展其立功、立言、立德欲望，是发展其为人类社会整体利益和整体发展做出贡献的欲望。

爱和恨，既是任何教育必有的内容，也是任何教育必然要用的方法。正确的教育总是以教育主体自然地流露并激发受教育者健康的爱和恨为特征的。相反，错误教育则总是以教育主体以不健康的爱和恨来激发受教育者的爱恨。错误的教育往往是溺爱。溺爱的结果是发展儿童的任性，发展其自我为中心的心理，也就是发展其"小皇帝"心理。言教不如身教。正确的教育，往往以教育者的主要精力从事工作和学习为表现，错误的教育往往是4位老人和一对夫妇围绕"小皇帝"转，他们在"小皇帝"身上求乐，以"小皇帝"乐为乐。其结果是形成儿童的自我中心心理和行为习惯。人一旦形成自我中心心理和行为习惯，就一定会表现出来，人们自然也就看到了他的自私自利品质。

"争"的教育同样存在，教育的错误不在有"争"，而在教争什么、怎样争？每一种教育都含有"争"的教育，教育的区别是"教争什么、怎样争"的区别。"争"的教育有阶级性、时代性；争的教育有善恶之分、是非之分。"争"的教育是善是恶，需要具体情况具体分析。争吃，有时候也被肯定，也被视为美。因为此时大家太讲究吃相，大家过分讲求吃相之雅，就会造成食物浪费。在大多数场合，争吃总是不被肯定，不被鼓励。为使孩子们身体健康、健壮，家长、幼儿园都会在一定条件下鼓励孩子们争吃。这样的动机是善良的，但结果却可能种下"恶根"了。这说明，教育需要谨慎，教育也是最难把握的。

第二，学习也是"种下"善根和恶根的重要途径。学习，是指人主动地接受社会的教育。学习的内容如果是单纯地学习自然科学知识或者技术，它本身并不会"种下"善根或者恶根。但是，学习的目的如果是为了满足自己的利欲，则学习的动力就是恶的了。学习的内容如果是社会科学，如果是为着扩大自己利益的所谓学问，则学习本身就存在是非善恶了。任何人的学习,都不可能是纯粹的自然科学知识和技术,总是多多少少包含社会科学以及做什么样的人的学问,总是存在学习目的问题。而在以物质利益关系为核心的"一切社会关系的总和"的作用下,人们的学习内容是可选择性和不可选择性的有机统一,况且,处于学习过程的人们要分辨出所学内容是否正确是一件非常困难的事情。人们往往是在求知欲的驱动下,不加选择地吞吃各种各样的知识,甚至越是新鲜越是离奇的知识成为人们首先吞吃的对象,这样一来,学习过程就难免"种下"善根的同时"种下"恶根了。人的区别,不仅是教育造成的,而且是学习造成的。因此,人之成为什么样的人,社会要负责,自己也要负责。

第三,社会实践是比教育和学习更重要的"种下"善根和恶根的根本途径。社会实践作为人的活动,作为人的行为的一个方面,之所以是"种下"善根和恶根的根本途径,是因为教育内容,学习内容,都是人类社会实践的产物;而人类社会实践活动,每个人的社会实践活动,又总是与"一切社会关系的总和"相联系的,离开"一切社会关系的总和"的实践是不存在的;单个人通过其特殊的社会实践活动所形成的知识、能力以及欲望,总是与其所受教育以及曾经学习过的内容有着某种联系,总是使原先所学得到加强或者削弱。所有的社会实践即人之所为都是在一定的制度框架内进行的。这使人的行为是由社会制度以及文化决定,也就使人之性由社会决定。韩非看到生男则喜,生女则杀的社会现象并以此作为人性恶的论据,却不懂得"产男则相贺,产女则杀之"是社会制度和文化使然的道理;他懂得夫妻"爱则亲,不爱则疏",却不懂得这同样是与社会制度和文化有关联的;他懂得帝王后妃的心理——盼望自己夫君早死,使自己所生儿子能成为继承人,却不懂得这种心理同样是社会制度即王位继承制度的产物。韩非看到多少富贵人家兄弟不和的原因是互相争利,却不懂得这互相争利的根源在社会制度;他懂得对所有人都不能过分相信的道理,却不懂得这种局面是社会制度造成的结果;他懂得"主利在有能而任官,臣利在无能而得事,主利在有劳而爵禄,臣利在无功而富贵,主利在豪杰使能,臣利在朋党用私",却不懂得这君臣利异是由社会制度派生的社会现象。

总之,历史上的教育,现实的教育,都是内含正确与错误、善与恶的教育,绝对善的教育不存在,绝对恶的教育也不存在。古今中外所有人的学习,都是善恶并存的,没有绝对正确的善的学习,也没有绝对错误的恶的学习。古今中外所有人的社会实践都是善恶并存的,没有人一辈子只做善事从未有过恶行,也没有人一辈子只做坏事从未做过好事。所谓好人坏人的区别,只在行善多还是作恶多。因此,每个人不仅都有"君子之腹",有恻隐之心、辞让之心,而且都有"小人之心"、嫉妒之心、争夺之心。人的区别是让什么争什么,怎样让怎样争的区别,而都有是非之心、羞恶之心,则是人的共同点。人之性,并非天生性善或天生性恶,也非不善不恶,而是善恶并存,有善有恶,以善为主的。为何善恶并存?一是因为社会的状况是善恶并存;二是因为人所受教育总是善恶并存;三是因为人与人的关系最难正确处理,人的行为最难正确判断,而人性之所谓善恶是不能离开人与人的关系的,总是要通过人的行为来表现的。人的行为,一不小心就过了,度最难把握。他人的心思最难知晓,最难把握。人与人之间,误解容易发生,误会难以消除。而自己所欲为何,有时候也是难以确切知道的。

## 三

人性为何是有善有恶以善为主?

人性之所以有善有恶以善为主,是由人类社会发展的基本走向以及教育所决定的。人类社会发展的基本走向、基本趋势,是文明代替野蛮,是公开、公正、公平的有序竞争代替无序竞争,是超越物质利益竞争代替物质利益竞争;这使好人与坏人的标准逐渐趋向统一,也就使善恶标准趋向统一。每一时代的教育固然有其阶级性,有其时代局限性,但同时也必然要反映人类社会发展的基本走向和基本趋势；固然有其错误的恶的内容，但其主流是正确的善的内容，因而总是能够使受教育者具有一定程度的是非善恶美丑辨别能力。人在婴幼儿时期接受的教育，虽然也有错误的恶的成分，但主流是正确的善的成分。因此，每个儿童，每个成年人的身上都有一点善端，都有一定程度的恻隐之心、是非之心、羞耻之心和辞让之心，也就都有一定程度的是非、善恶辨别能力。换言之，人在幼儿、少儿时代所受的教育在基本层面上总是善为主，恶为次，善占主导地位。这也就是说，教育固然有其阶级性，但也有超越阶级利益的内容。教育的超阶级性，突出表现为使人们形成所谓"良心"观念。换言之，教育的结果是使人有良心。良心是什么？良心属于意识范畴，是意识的形式之一。良心是决定人之为人的重要力量。思想支配行为。良心是人之行为的动力，同时也是人之行为的制约机制。良心在有的时候是人的行为的"制动器"，有时候所起的作用犹如汽车行驶后的紧急刹车。因此在一定意义上可以说，良心就是人性。

"让"的教育，是任何教育都有的重要内容。"让"的教育就具有超阶级性的特点。"让"的教育总归是对利欲的一种节制。"让"虽然可以是有前提、有条件、有限制、有范围的。但让毕竟是让，而不是争。让可能让错，但让毕竟是高尚的。让有积极作用，也有消极作用。但让总归是发展人的善良。让的教育在寻常百姓家常见。父母让孩子吃饱，孩子吃饱成为父母之乐。在温饱没有完全解决的时代，经常见到农妇教孩子让父亲吃饱，要求孩子节制所欲，其理由是：父要下地干活。一家都能吃饱，仍然有让，这让就是让好吃的。兄弟姐妹之间，也是有让的。这"让"体现善。让的教育造成的结果是在物质利益面前能让，在荣誉面前能让。让，有时候是让步。让人行，让人先行，给人让座，给人让利。所谓道德品质高尚，无非一是能让人，二是能帮人。"让人不是怕人"，"让一步海阔天空"，"吃亏是福"等等理念，使人选择"让"，其结果是生成、发展人的善性。

"帮人"的教育也是任何教育必有的内容。"帮人"的教育也具有超阶级性的特点。"帮别人"作为欲念，是一种善良欲念，作为行为是善良欲念推动下的积极作为，因而是满足所欲的途径。"帮"有时候就是"救"，帮人解难也就是救人危难。"帮"也可能帮错，但毕竟是道德情怀高尚的表现。"帮"也可以有前提、有条件、有限制、有范围，但毕竟不是争不是夺不是抢，而是给予。帮的教育在寻常百姓家常见。帮的教育，是发展人性不可或缺的。

"争"的教育同样是任何教育必有的内容。教育的区别不仅是教争什么、怎样争的区别，而且是突出争或不争的区别。美国的教育显性突出争，中国教育贯彻隐性争。据说，美国人教儿童画苹果，是将一堆苹果摆在教室一方的尽头，儿童排好队站在教室的另一头，教师一声令下，孩子们跑去抢苹果，有的抢到2个，有的抢到1个，有的没有抢到，而后要求孩子们参照手上的苹果画苹果。这样的教育明显具有发展创造性和竞争意识的双重功能，同时也贯彻了平等竞争的社会规则。日本教师教儿童画苹果的方法是，教师手中拿着1个苹果在教室里走来走去，要求孩子们参照教师手中的苹果画苹果。中国的教育方法是教师在黑板上示范，让孩子们认真看着从何处起笔从何处收笔，教师示范之后再让孩子们参照黑板上的苹果画苹果。中国教育不贯彻竞争吗？不是！中国教育所贯彻的竞争是哪个孩子苹果画得好，是比谁的苹果画得更标准。"争"的教育有善恶之分，有是非之分。善恶、是非标准是发展的变化的，不是凝固的。这使争的教育所把握的是非善恶标准有趋向统一的特点。"争"的教育也就具有超阶级性的特点了。

从一定意义上可以说，正是因为存在以善为主的教育，人类社会的总的发展前景才不是黑暗的，而是光明的；人性才总是向善的而不是向恶的。每一位父母虽然总是按照自己的是非善恶标准教育自己的孩子，但其教育内容、教育过程又总是要反映人类社会发展的总方向总趋势；每一所学校也总是按照社会的主流价值观念教育孩子，而社会的主流价值观念中总是包含有社会发展进步总方向总趋势的东西。而且，教育过程总是一个归纳与演绎、抽象与具体相结合的过程，总要遵循从个别到一般,从一般到个别的认识规律。而孩子们的思想单纯,心地善良,则证明教育在发展人的向善性方面的不可磨灭的历史作用。就当今时代的中国而言,绝大多数独生子女是好的这一事实表明:他们所接受的家庭教育虽然是有缺陷的但基本面是正确的;他们在学校所接受的教育虽然是有缺陷的但基本面是正确的。因此,在他们身上虽然已经种下了恶根,但是种下的"善根"是主要的。他们这一代人同样是有恻隐之心的,同样是有是非之心的,同样是有羞耻之心的,同样是有辞让之心的。总而言之,他们是有良心的。那些表现不好的独生子女,即使已经走上犯罪道路,即使已经染上毒瘾、网瘾,也还是有良心的。因此,中华民族的未来是不必过分担忧的。

总之,人的属性中除食欲、性欲、乐欲等少数几种外,都是来自于人类社会的,是社会赋予人的。社会赋予人以人性的时候总是或多或少地种下了人性的善根和恶根。而且,在社会赋予人人性的时候,每个接受"种"的个人总是有其主动性的。人并不是完全地绝对地接受"种"的。社会种下的"种子"既然总是善恶并存以善为主的,而人接受"种子"又总是有所选择的,则不同人所具有的善恶之行也就只能由社会和自己负责了。因此,社会总是要对每一个"具有人性生长物质基础的人"提出一定的行为要求,而这种要求又总是以是非善恶美丑的面目出现。但是,人的行为总是直接受制于自己的思想观念的。人的思想观念与社会要求的不一致以及冲突的结果,是一部分人的行为符合社会的善的标准,另一部分人的行为不符合社会的善的标准。因此,只要人类社会存在着,善恶就总是存在着。但是,不同的社会历史阶段会有不同的善恶标准。也因此,社会总是要做善恶标准的修订工作。就当今而言,所谓发展社会主义先进文化其实就是做这样一种工作。不管这种工作的成效如何,其对人的人性的生成发展作用总是存在着的。

## 四

《三字经》有言："人之初，性本善。性相近，习相远。"仔细想来，这句话应当修改为：人之初，性相同，习相远。其理由如下：

第一，人之初性相同，符合客观事实。不论是凡人还是伟人，最初的属性和特征是相同的或基本相同的。刚出世的正常婴儿，有体重长度等区别。但这些区别不是很大的，对人成为什么样的人，即对人将来是成为好人还是坏人，是成为凡人还是伟人，是没有决定作用的，是无关紧要的。世上既有身材高大的伟人，同时也有身材矮小的伟人；既有身体魁梧的贤哲，也有身体魁梧的罪犯。

第二，所谓人之初性相同，只能是所欲所能所为相同。康有为说："人生而有欲，天之性哉！"人之初有食欲、有乐欲是相同的。性欲不是"人之初"就有的，而是要到青春期才有。戴震说："人生而后有欲，有情，有知。"人一出世就要吃喝，就要穿衣吃饭，这是人生而具有的自然需要，说人生而有欲符合事实。如果把"有情""有知"理解为因知道要吃要喝，因不得吃不得喝而闹情绪，也讲得通。但是，如果把"有情""有知"作更宽泛的理解，认为人一出世就什么都知道，就能因人间种种不平而义愤填膺，那就讲不通。人刚出世时的所欲，只是食欲，其所能只是本能，其所为也只是本能性行为。唯心历史观是与英雄史观结合在一起的。英雄史观的重要特征就是强调人之初的区别，夸大人之初的区别，神化历史人物出世时与凡人的不同。

第三，"人之初，性本善"讲不通，不符合事实。善恶属于价值判断。价值判断以价值观为基础，以具有价值判断能力为基础。认为人一出世就具有分辨是非善恶的能力，就具有价值判断的能力，是不符合事实的。婴儿时期的人，其欲主要是食欲，所欲属于生理反应，没有是非善恶之分。婴儿也没有行为能力，更没有善恶判断能力。婴儿时期的人，其性质和特征倾向于动物，所具有的属性和特征类似于动物。因此，讲婴儿性善讲不通，讲婴儿性恶也讲不通。之所以讲不通，是因为不符合事实，不符合经验。婴儿之性没有善恶之分，是一个客观事实。讲婴儿行为没有善恶之分，说婴儿没有是非善恶能力，符合客观事实。因此，说"人之初，性本善"是讲不通的，是不符合事实的，是错误的。

第四，人猿刚揖别的时代，是人类的婴儿时代，那个时代的人刚刚从动物世界走出，身上保有动物性比较多，人性才开始萌生。而动物行为是不能做善恶评价的。对动物行为做善恶评价，是一种荒谬，是一种错误。人将人性、兽性等词语创造出来的目的，是要规范人的行为，是为人性在个体上萌生并健康成长服务的，也就是为教育人发展人服务的。兽性即动物性，本是无善恶之分的。当人意识到自己与动物的不同而有优越感，并且要发展人与动物的不同时，人就创造了"兽性"一词。兽性、兽行等词语，不是用来贬低动物的，而是用来抬高人提升人的，是用来规范、矫正、端正人的行为的。当人们的行为不端时，经常听到的议论是："什么人"，"人性哪去了"，"这个畜生"，"禽兽一般"，"禽兽不如"。所有这些骂语，固然是人在非常气愤时发出的，但其目的则是规范、矫正人的行为，体现并从一个方面印证"人性"一词的含义。因此，人性概念里的人，不是指婴儿时代的人，不是指人的婴儿时代，也不是指人猿刚揖别那一时代的人，而是指人猿揖别之后的现实的人类整体，是指仍在发展进化的整个人类，也是指具有善恶是非判断能力的人。

汉代王充认为，人的生死寿夭是由于禀受自然之气的厚薄而形成的差异。南北朝的范缜也讲到人的形器决定人的贤愚。这种体质结构决定论都是力图以生理原因说明人性善恶。他们虽然力图用物质原因解释人的观念、行为的差异，却没有涉及人性的本质。他们所讲的人，不是作为社会关系总和的人，他们所讲的人性也就不是作为社会关系总和意义上的人之属性。

宋代二程认为,"性即是理。"二程把性分为天命之性和气质之性,认为天命之性是纯善的,气质之性则因人而异。"自幼而善"和"自幼而恶"的区别源于"气禀"不同,即所谓"禀其清者为贤,禀其浊者为愚"。这都是把人与人的差异归结为遗传因素,没有看到社会关系总和的决定作用,因而都是错误的。

康有为说:"生人之乐趣、人情之愿欲者何?口之欲美饮食也,居之欲美宫室也,身之欲美衣服也。"他还认为,人道就是"去苦求乐"。人以饥为苦,吃饱了就乐;欲望得不到满足就苦,欲望满足了就乐。人日思夜想"免苦求乐之计",结果却使人进化。康有为的这些理论似乎很有道理,也符合常识,但是他不懂得人的这些欲求虽然是以人的自然需要为根基的,但都是社会赋予的,是在社会中产生的,要正确认识人性是不能离开历史唯物主义的。

总之,人性是善是恶问题的提出,是以善恶观念、善恶标准已经产生、也已存在为前提的。没有善恶观念,没有善恶标准,人不会问人性是善是恶。而善恶观念、善恶标准是制度和文化的产物。远古之人,知母不知父。知母不知父,是与群婚相联系的。群婚不是一种婚姻制度,而是自然状态。要使人既知母又知父,就必须创立婚姻制度。当一个女子在一定时期内只能有一个配偶的制度创立之后,既知母又知父的目标也就达到了。伴随这一制度创立,人间也就有了评判善恶的标准。当资源、财产所有制创立后,偷盗、抢劫他人财物为恶的观念也就产生了。当资源、财物交换(买卖)制度创立后,诚信为善、欺诈为恶的观念也就势必产生。所以,人类社会创造的社会制度实乃人间善恶的真正根源。

# 人之所欲与社会发展动力

一

荀子说:"饥而欲饱,寒而欲暖,劳而欲休。"① 那么,据此能不能确认,正是人欲创造了历史呢?或者说,正是人欲创造了人类呢?笔者认为是不能这么说的。因为:第一,人类社会历史的根本动力是物质资料生产方式为基础的全部社会矛盾,人之所欲与生产力之间的矛盾只是生产方式的一个构成因素。第二,人欲有种种,它们在历史上的作用是有区别的。

人是由类人猿进化而成的。类人猿何以会进化为人?恩格斯认为根本原因和动力是劳动。他说,劳动创造了人。劳动有两种:伸手将树上的果子摘下来是一种,开始于"几个石头磨过"的劳动又是一种。使类人猿进化为人的劳动,是后一种,而不是前一种。因此,笔者以为伸手将树上的果子摘下来不是严格意义上的劳动。如果将树上的果子摘下来可算作劳动,则猴子也有劳动,狮虎也有劳动,而接着的问题是:为什么猴子没有变成人?如果说猴子没有变成人的原因在它自身的身体条件,那变成其他什么也可以呀!所以笔者以为,促使类人猿变成人的劳动是与创造性相联系的活动。是不是劳动不能以是否出汗为标准,不能

---

① 《荀子·性恶》,远方出版社2004年版。

说流了汗水的是劳动，没有流汗水的就不是劳动；是不是劳动也不能以获得生活所需要的物质资料为唯一标准，不能说从山上采摘到野果就是劳动，没有直接收获物质资料就不是劳动。真正的劳动是从"几个石头磨过"开始的。类人猿为什么要磨石头？是食欲推动的还是性欲驱动的？笔者认为都不是，而是乐欲推动的结果。其理由是：所谓类人猿进化为人，并不是所有的类人猿都进化为人了，而是类人猿的一支或几支进化为人了。为什么不是所有的类人猿进化为人呢？为什么有的类人猿不进化为人呢？要回答这样的问题，是十分困难的。笔者猜想：所有的类人猿都是有饮食男女之欲的，这应当是它们的共性，各种不同类人猿的食欲、性欲也许是有区别的，但区别不会很大，正如人的食欲在量上的区别一样，虽然有但不会很大。即使有比较大的区别，也不至于食量大的、食欲旺盛的类人猿就会具有特别能进化的能力，反之，恐怕也不是食量小的食欲不强的类人猿就会具有特别能进化的能力。这也就是说，类人猿在食欲、性欲上的差别即使存在，也与进化为人关系不大。这当然不是要否认各种类人猿存在差别。各种类人猿是有差别的，它们的差别可以描述为：有的类人猿想进化，有的不想进化；有的进化能力强，有的进化能力比较弱；有的忙于满足饮食男女之欲，有的忙于满足自己的乐欲。其进化开始的第一步可能就是有几个类人猿为了寻求快乐而直立行走了几步，也可能是有几个类人猿为寻开心而将一块石头磨了几下。它的这种举动，在有的类人猿看来不值得效仿，在有的类人猿那里却受到称赞；在有的类人猿那里被肯定，在有的类人猿那里被否定。否定的结果是有的类人猿永远生活在树上，生活在森林里，永远不会直立行走，永远不磨石头，最后也就永远都不进化。肯定的结果是，有一支或几支类人猿走出了森林，他们也许历尽千辛万苦，其中有的甚至丢了性命，但他们的整体却进步了，变成了人类，并在新的起点上开始了人类进化的万里长征。在笔者看来，也许是乐欲对类人猿进化为人起了关键性的作用。乐欲使人寻求欢乐，而最大的欢乐莫过于创造。劳动创造了人，但创造人的劳动并不就是人之食欲推动的。

## 二

那么，食欲对人类进化就没有作用了么？不！食欲对人类进步是有作用的，在人类社会发展的历史上是有巨大作用的，但这种作用不能夸大。人的食欲确实是推动人寻求食物、生产食物的原动力。不仅食欲，人的其他欲望对人的行为也有直接的动力作用。比如暖欲、凉欲就推动人寻求各种保暖、纳凉办法，是生产衣服、建设住房的原动力；休息之欲是推动人寻求休息好的原动力，正因此人才创造出各种睡床、席梦思等。乐欲是推动人寻欢作乐的原动力，人为寻求欢乐创造了许许多多的娱乐活动。一定意义上可以说，音乐、舞蹈、戏剧等都是人的乐欲驱动下创造出来的，围棋、象棋、国际象棋、麻将以至各种赌博活动都与人之乐欲有着内在的联系，它们都是满足人之乐欲的样式。而这些娱乐样式现在则是人类文化的重要承载形式。但是，食欲以及人的其他欲求的作用毕竟是有限的，将人类社会进步的动力归结为食欲就把人的其他欲望以及人之所为、人之所能的作用抹杀了，也就把生产力与生产关系、经济基础与上层建筑这一社会基本矛盾的历史动力作用抹杀了。

人的食欲当然是要满足的，满足人的食欲也是非常重要的。经常听人讲：民以食为天。人是铁饭是钢，一顿不吃饿得慌。笔者是有过饥饿体验的，并非饱汉不知饿汉饥。那么，笔者为什么要说食欲在类人猿进化为人的过程中没有起关键作用呢？理由是：第一，直立行走对于已经学会走路的人来说，是一件容易之事，但对于类人猿来说，却是一件难事。"现在还活着的一切类人猿，都能直立起来并且单凭两脚向前移动。但是它们只是在迫切需要的时候才这样做，并且非常不灵便。"[①]一种已有自己行为习惯的动物要放弃原有的习惯性行为是异常困难的，这从1岁小孩学会走路可以看出。小孩开始是习惯于爬的，要他（她）

---

[①] 《马列著作选读（哲学）》，人民出版社1988年版，第387页。

放弃这种习惯没有适当的强制是不成的。第二，为满足食欲而直立行走的可能性很小。假设类人猿之间发生了争夺食物的需要，比如抢摘树上果子已经成为当务之急时，类人猿更是不大可能选择放弃已经熟练的行为改为直立行走的。第三，环境比人强。自然环境的大变迁可能会使类人猿生存困难，但这种困难是对类人猿整体而言的，正像恐龙所遇到的生存困难一样。类人猿可能采取的办法是"此地没有食，自有有食处"，它们可以迁居。因此，吃这件事情虽然至关重要，却不是类人猿进化为人的决定性因素。

现在的人们之所以看重食欲，其实并不是吃饭问题解决如何如何难，而是食欲被扭曲为利欲了。食欲被扭曲为利欲之后，要解决所有人的吃饭问题就困难了，"民以食为天"的观念也就得以产生了。利欲固然包含食欲，但不等于食欲，它是食欲的扩张和放大。利欲不是人之天性，而是社会制度和文化的产物。社会制度和文化使得人之所欲特别是衣食住的欲求被无限放大的同时，还逼使许多许多的人不得不为自己的衣食住而奔走，不得不为满足自己的生存所需而做出最大限度的努力。这种社会制度所包含的利益竞争机制总是造成这样一种局面：大多数人生活在社会的最底层，他们常常处于饥寒交迫的境地，在他们的意识里总是觉得再努一把力就能温饱，自己不能温饱是自己不够努力的结果，但事实上却是无论他们怎样努力也摆脱不了对衣食住的忧虑；相反，社会上却另有少数人不仅衣食无忧每天过着穷奢极欲的生活，他们每天所浪费的社会财富虽不致使社会的每个人都能温饱，但至少是可以使饥寒程度减轻的。社会制度和文化总是在告诫我们：不好好干活，就没有饭吃，没有饭吃就要饿死。而社会上总是有一些人处于饥寒交迫境地的事实则不断强化这样一种观念：要解决所有人的吃饭问题是非常困难的，甚至是不可能的。当然，也有人看出了其中的奥妙，故杜工部有诗曰："朱门酒肉臭，路有冻死骨。""朱门酒肉臭"是因，"路有冻死骨"是果。食欲变成利欲之后，为满足一些人的利欲当然就必须消灭一些人的食欲了。人之所欲无限增长是一定的社会制度和一定的文化使然。无限增长的人之所欲与社会生产力之间的矛盾,是一定的社会制度和一定的文化使然。

社会制度把人的食欲放大了。人的生存需要本来是一定的限量。比如,人吃饭只有一个胃,每天所需食物非常有限;人睡觉只需要一张床。将人的食欲和动物的食欲进行比较,我们还可看到二者一些有趣的区别。其一,在量上,人只有一个胃,其食量比不过牛马,比不过狮虎,甚至比不过鸡鸭,人不能像鸡鸭那样一天到晚进食。在质上,人对食物的要求是可精可细,可粗可糙,既可食肉也可吃素,甚至也可像孔子那样三个月不知肉味。其二,食欲还表现为食物的多样性或单一化。动物食物的特点是单一化,人的食物特点是多样化。青草能引起牛羊的食欲,东坡肉做得再好,却不能引起牛羊的食欲;牛羊能引起狮虎的食欲,青草再好也不能引起狮虎的食欲。牛羊是草食动物,这是牛羊的本性;狮虎是肉食动物,这是狮虎的本性。人既是草食动物,又是肉食动物,这是人的本性。食物多样化和食物单一化,都是食欲的表现形式。食物多样性,是一种进化能力。食物单一化,使动物进化慢,使动物的进化能力弱。食物多样性降低了解决人类吃饭问题的困难。食物多样性,使人的进化能力强。其三,人的食物多样性是发展的,人的食欲是不断改变的。牛羊不能改变食欲,狮虎也不能改变食欲。熊猫已在地球上生活70万年,有研究说,熊猫原本是肉食动物,后来改为吃竹子,这说明熊猫也能改变食欲,也有进化。现在的熊猫一天要花12个小时以上的时间进食,一天要吃百多千克的竹子,要拉60千克的粪便。熊猫之所以能存活70万年,是与它能改吃肉为吃竹子有关的。熊猫以后还能生存多少万年,取决于它能否改变其吃。如果它不改变吃,一旦竹子这种生物没有了,它就只能灭亡。能改变吃,就能进化。不能改变吃,就失去了进化的基本条件。能改变吃,意味其食欲发生了变化。不能改变吃,意味其食欲不能变化。也许所有动物都是能改变吃的,但其改变速度毕竟比人慢,人的特点,不仅是能改变吃,而且改变速度快,也不仅是改变速度快,而且在吃饱不是非常困难的情况下也改变。比如，笔者家乡的人们即使在 20 世纪 60 年代三年困难时期也是不吃青蛙、不吃蛇的，但到了 60 年代中期却开始钓青蛙吃青蛙，那时候吃蛇更是不曾听说，只听人们说广东人吃蛇，可如今口味蛇成了宴席上的上品了。能改变食欲，也是一种进化能力。动物的共性之一，是基本上不改变自己的食欲，所以进化慢。人则能不断改变自己的食欲，这恐怕是人进化能力强的一个原因。

食欲对人类社会进步起了一定的作用，但人类社会进步不能只归功于食欲。一定社会制度和文化使人天生拥有的欲求转化为"现实人"所具有的"人之所欲"。这"人之所欲"又在一定社会制度和文化的作用下发展着人的利欲，其突出的表现是，人在一定社会制度和文化的条件下产生了做亿万富翁的欲望。这欲望推动了物质资料生产发展，使物质资料生产获得了无穷无尽的动力。而富了再富的价值观念则使这种欲求得到进一步的加强。以至有很多人为财而死，为财拼命，为财放弃人格。《管子》有言："天下熙熙皆为利来，天下攘攘皆为利往"。这利欲既是战争和一切人间罪恶及丑恶的根源，同时也是历史发展的动力。正如恩格斯所指出的那样："正是人的恶劣的情欲——贪欲和权势欲成了历史发展的杠杆"，"恶是历史发展的动力借以表现出来的形式。"① 然而，恩格斯的这一论断被人曲解了。这固然有曲解人的问题，同时也有恩格斯的问题。因为恩格斯至少在这里没有同时指出善良情欲的历史作用，没有在这里同时指出：善良的情欲——劳动的激情、创造的激情以及做好人做善事的欲望，同样也是历史发展的动力；善也是历史发展的动力借以表现出来的形式。

食欲性欲推动人类社会进步的作用是客观存在的，其功绩可以说是伟大的，但毕竟是有限的，是不能夸大的。但是，当它转化为利欲后就不同了，就被无限放大了。这种转化是一定社会制度和文化作用的必然产物。正因为有此转化，人在一定历史条件下就都有利欲了。利欲人皆有之，但不同的人有着不同的利欲。人之不同，很大程度上就是利欲不

---

① 《马克思恩格斯选集》第 4 卷，人民出版社 1972 年版，第 233 页。

同。人之利欲之所以不同，原因在于人还有其他的欲求，根本原因在于人的价值观不同。这正如土地固然是植物生长的基础，因而它既可以长出香花也可以长出毒草，但是，如果没有香花和毒草的种子就还是生长不出香花和毒草。人的食欲、性欲和乐欲本是人的属性之一，而不是人性生长的土壤；恶劣的情欲和善良的情欲则既是人的属性之一，同时也是产生这种属性的种子。人之性，作为人区别于动物的特殊客观存在并不是单纯的天性，而是由社会之手种下的客观存在。因此，人生来就有的欲求本是一种生物体属性而不是人的属性，但由社会制度和文化可使这种"人之所欲"转变为人的属性之一。进一步讲，人之所欲作为人之行为的动机和动力，主要是在后天获得的，是社会赋予的。因此，离开人类社会的基本实践活动，离开人类社会的制度和文化，单独讲人之所欲是社会历史发展的动力，是片面的，是荒唐的。对人之所欲的肯定，实质是对整个人类社会历史的肯定；对人之所欲的否定，也就必然是对整个人类社会历史的否定。将人之所欲视为恶或善与将人之所欲视为不善不恶，作为价值判断自有其历史作用。但是，价值判断往往只是对事实做一个方面的反映，而且这种反映往往是夸张的放大的。因此，我们对人之所欲的历史动力作用是不可估计过高的。因为人之所欲本身还有着发展的动力——物质资料生产方式的发展以及与之相联系的社会制度变迁和文化的发展。

一部人类社会历史表明：人之所欲是不断扩展的。一定意义上可以说，一部人类社会历史就是一部人之所欲的扩张历史。人之所欲不断扩展，与社会变迁、社会发展进步之间存在着互动的关系。

# 合作、竞争与人性

合作，是人性的一个方面；竞争，也是人性的一个方面。仅讲人能合作不讲人的竞争性，或者只承认人的竞争性，而不承认人的合作性，都是片面的。片面性的理论再深刻，也不是完全的真理。

## 一

合作，是人区别于动物的一个重要方面，因而是人性的一个重要方面。动物之间的合作，是很少见到的。老虎与老虎，是既不争也不合作，它们处理关系的办法是划定活动范围，互不超越自己的活动范围。狮子与老虎，基本上也是既不相争，也不合作。《动物世界》说狮虎相争，说虎与虎有争，但就没有它们相争的镜头。牛群、马群、羊群、猪群，在强敌面前有所合作，但合作力度不大，合作机制不强。倒是蚂蚁群体遇到危险时其合作性表现比较突出。人是能够合作的。完全不能合作，完全不合作的人，是没有的。当然，这要把"婴儿时期的人"以至幼儿除外，要把白痴除外，要把严重精神病患者除外。从一定意义上可以说，合作属于人之所能的范畴。合作，是人的能力的一个重要方面。人性的一个重要的根本性的方面，就是人之所能不同于动物。人不仅有很强的认识能力，人还具有进行"人的生产"的能力。人之所以具有改造自然、改造社会以至发展自己的能力，很重要的一个原因就是存在人与人的合作。

　　人的合群性是由其生存发展需要决定的。人与人的合作，是为生存（包括安全）服务的。单个人的力量是非常有限的。单个人只依靠自己的力量是很难解决生存问题的。单个人从自然界取得食物的能力，是不如某些动物的。单个人保证自己安全的能力，也是不如某些动物的。这也就是柏拉图转述的西方古代神话所描述的那种情况：人没有狮虎那样锐利的牙齿，没有利爪，没有牛那样大的力气，没有马那样的奔跑速度，没有狗那样的嗅觉，没有鹰那样的眼睛……人虽然有动物所不及的头脑，但是仅这一点是不够的，如果没有人与人的合作，仅仅依靠个人力量，人在自然界的安全是没有保障的。人猿相揖别的时候，人类这个"群"所包含的个体数量，也许比狮子多，也许比虎豹多，也许比豺狼多，也许比野猪多，也许比毒蛇多；但也许比它们少。何况人的天敌不是一个，上述这些"它们"一个个，都是人要面对的天敌。单个人只依靠自身力量，是难以保证自己不被这些野兽吃掉的。这正如武松上了景阳冈遇到那只老虎后只有两种结果，要么将老虎打死，要么被老虎吃掉。武松是英雄，他有常人没有的勇敢，他有常人没有的力气，他有常人没有的心理承受能力。有的人遇到老虎，恐怕两条腿都是要打哆嗦的，打虎就谈不上了，其结果必定是要被老虎吃掉。个人在狮虎等猛兽面前，自卫能力明显不足。故恩格斯指出，人"为了在发展过程中脱离动物状态，实现自然界中最伟大的进步，还需要一种因素：以群的联合力量和集体行动弥补个体自卫能力的不足。"[①] 人是需要与人合作的，没有人与人的合作就没有今天的人，也就没有人类社会。所以人类社会需要人与人合作。没有人与人的合作，人类社会是不能走到今天的。另一方面，人也是能合作的，没有能合作这一人的特性，人类社会也是不能走到今天的。从一定意义上可以说，一部人类社会历史也就是一部人类如何求合作、怎样实现合作的历史。

　　关于合作这一人性的重要方面，人们早在2000年前就已经有所认

---

[①]《马克思恩格斯选集》第4卷，人民出版社1972年版，第29页。

识了。亚里士多德说:"人是天生的政治动物","人类在本性上应该是一个政治动物"。"政治"的内涵在古代希腊就是城邦国家。因此,亚里士多德又说:"人类自然是趋向于城邦生活的动物"。① 所谓"城邦生活"当然不是今人的城市生活,而是指个人不能离开城邦独立生活。既然人不能离开城邦独立生活,那就必须有人与人的合作。因此,亚里士多德的"人是天生的政治动物"的含义其实是说,人的本性在合作。在中国,人们公认先秦诸子的学说,都是讲人与人的关系的学说,都是政治学说。老子不主张合作,他要人们"邻国相望,鸡犬之声相闻,老死不相往来"。孔子的核心思想是"仁",他说:"仁者爱人"。"爱人"实际上是处理人与人的关系的原则。所谓"爱人"就是要把人当人,关心人爱护人,但是孔子并不主张无差别地爱,孔子讲的"爱"是有差等的爱。因此,所谓"仁者爱人"也就是在礼制的基础上通过"爱"来去"恶",来实现人与人的合作。墨子主张"兼爱"。所谓"兼爱",就是无差别的爱。无差别地爱人,其实也是为了实现人与人的合作。孟子主张"仁政","仁政"包括"爱人",但孟子认为仅有爱是不够的,仅有爱不能去恶,要去恶就必须讲"义"。所以,孟子的"仁政"实际上也是为实现人与人的合作服务的。不过,他的主张中还包含这样一种思想,那就是统治者必须节制自己的欲望。荀子干脆讲"人能群"。所谓"人能群",是指人能通过建立社会组织实现人与人的合作,最终达到集众人之力"制天"的效果。荀子认为,"人能群"的原因是"分"和"义"。"分"指社会组织内部人与人的分工、社会地位、岗位职责、利益分配。"义"指礼义法度。"分"的根据是"义","义"的功能在"分"。礼义法度是君王制定的,因此真正能"群"的人是君王。韩非是法家,韩非所讲的"法"不是今人理解的法律,他所讲的"法"实质是"罚",他实际上是主张用严刑重罚来实现人与人的合作。

合作是有是非善恶之分的。合作是有范围的。两个人合作,三个人

---

① 转引自徐大同:《西方政治思想史》,天津人民出版社1986年版,第42页。

合作，一群人合作，一个民族的合作，民族之间的合作，国家之间的合作，都是人的合作。两个人合作谋夺第三者的性命和财富，叫作谋财害命。两三个人合作谋夺一群人的利益，叫作侵吞集体利益。统治阶级在一定条件下合作，共同对付被统治阶级，目的是维护统治，保证统治阶级长久地获得更大利益，这叫作富有远见，叫作高瞻远瞩。两个国家合作，谋夺第三国的利益，这也是国际合作的一种形式。相反，两个国家合作共同对付强敌入侵，也是国际合作的一种情况。是善是恶，没有善恶标准是不能正确判断的。而善恶标准在存在阶级、阶级斗争的社会里，离开阶级标准是不能成立的。不过，人类社会在其历史演进中也形成了一套超越阶级的标准，这也就是所谓正义的标准。所谓正义不正义，总是与文明与野蛮、手段和目的相联系的。一般而言，文明的手段总是善的，野蛮的做法总是恶的；手段残酷的总是恶的，手段比较文明的总是善的；以谋夺他人他国利益为目的的合作总是恶的，以保卫自己利益不受侵犯为目的的合作总是善的。总之，合作是善还是恶，要从合作的目的、动机以及所采用手段等角度，按照一切以时间地点条件为转移的原则以及主体的性质来进行具体情况具体分析，才是可以确切知道的。人与人需要合作，但同时人也必须看他人合作的目的和自己合作的目的是什么，不论这些，仅仅相信人要合作，人能合作，不能合作不能生存发展等理论，是可能要掉进陷阱里去的。

## 二

竞争不仅是人的属性之一，而且是人的本性之一。之所以如此，理由有三：第一，马克思主义辩证法告诉我们，对立统一规律是宇宙的根本规律。合作与竞争是相互依存的，有合作就有竞争，有竞争就有合作。第二，人间是存在竞争的，有人类社会存在就必有人与人的竞争，一部人类社会历史也就是人间竞争不断发展的历史。人类社会只能消除某种形式的竞争，却不能消除一切竞争。竞争是推动人类社会进步的重要动力。第三，人间竞争的内容、形式、手段，也是人与动物相互区别一个重要方面。植物、动物、人类社会，都有竞争，这是共性。植物争阳光争水分，动物争食物争交配，人之所争内容丰富形式多样，这是事物的个性。人们往往用动物世界的竞争来解释人类社会，用动物世界的弱肉强食来说明人类社会竞争的残酷，结果造成一个误会，那就是以为人类社会的竞争是从动物世界学来的。事实上，人类社会存在竞争是人类社会的本性，人类社会竞争是人的本性使然。事实上，动物世界的竞争是比较弱的，人类社会竞争则是比较强的。牛与牛很少相争，马与马很少有争，羊与羊很少有争；牛羊之间基本无争，马牛之间基本不争，猪狗之间基本无争；牛羊与狮虎谈不上竞争，它们之间不是竞争对手，只是自然界生物链条的一个环节，是自然平衡的一个环节。动物竞争所表现出来的弱肉强食只是一种自然现象。电视《动物世界》节目说，老虎之间有竞争，但没有"两虎相争，必有一伤"的镜头，没有这样的镜头也许是因为没有拍到，也许是因为确实没有那样的相争。电视《动物世界》节目说，狮虎之间存在竞争，却没有狮虎如何相争的镜头，这也许是没有拍到，但也许是不存在那样的竞争。我们可能被达尔文进化论误导。动物之所以进化慢也许原因之一就是竞争比较弱，人类进步快也许原因之一就在于人间竞争比较强。所谓竞争总是要以构成对手为前提，不是对手的竞争，难以展开，难以发展。

　　竞争一词最早出现在《庄子》里。在汉语里，竞争二字在古代写为：竸争。竸和争，都是象形文字。"竸"是二人并立，"争"是两手拽一物。二人并立，双方各出一只手拽一物。这是中国古人最早对竞争的描述和理解。这种描述和理解，没有告诉我们这二人在争什么，为什么而争，是争该物属于谁所有，还是争谁的力气大，不清楚，对此我们只能猜想。但是，这种描述和理解却告诉了我们竞争的规则和竞争的本质。"二人并立，双方各出一只手拽一物"，已清楚告诉人们怎样争，即对竞争所要求的公平条件和规则做出了最简单同时也是最直观的描述；而竞争的本质则是：互相争胜。不论二人之争，是争该物的所有权还是争二人力气之大小，本质上都是互相争胜。《新华词典》，是新中国成立后集中体现规范汉语的现代经典之一，其对竞争一词的解释也是四个字：互相争胜。① 胜是败的对称，胜意味超越，胜意味强大，胜意味成功。"互相争胜"的结果在大多数场合是一胜一负，有的时候则是不分胜负。不论竞争的结果是分出了胜负还是"一个平局"，其过程则是始终贯穿着"互相争胜"。所以，"互相争胜"这四个字概括了人类社会一切竞争的本质特征，是对竞争一词的精确解释。因此，用"竞争"一词描述某些动物行为及本性，是不太确切的。这也就是说，不是对手的弱肉强食不可用"竞争"一词来描述。"竞争"一词最先并不是用来描述动物行为和本性的，而是用来描述人的行为和特性的。诺贝尔经济学奖获得者乔治·斯蒂格勒就说过，达尔文是从经济学家马尔萨斯那里借用了这个概念，并像经济学家用于人的行为那样，将它用于自然界。②

竞争作为人的本性之一，其主要功用一是显示，二是发展。竞争所显示的，是人的独立性，是人的力量、智慧、才能以及品行。竞争所发展的，也是人的独立性，人的力量、智慧、才能和品行。人的生存发展固然不能没有合作，但合作总是以个人独立性为前提的，合作过程中个人所显示的力量、智慧以及品行也是有区别的，个人在合作中所得到的也是有区别的。人的独立性必然要求人在不需要合作的时候独立行动。独立行动是自由的一种表现形式，是自由得以实现的一种形式。否定人的独立性，也就否定了人的竞争性。人之所欲中，食欲性欲的满足总是要通过个体行为才能实现，乐欲的满足如果是以驱赶寂寞即以热闹为要求，则许多个体一起欢乐就成为必然；如果是以个体内心宁静为要求，则个体独处就是必然的选择。当乐欲的满足，以取得某种胜利为要求时，则人与人之间某种形式的竞争就不可避免。当人之所乐以实现某种

---

① 《新华词典》，商务印书馆1981年版，第443页。
② 《新帕尔格雷夫经济学大词典》，经济科学出版社1992年中文版。

创造为要求时，则人与人之间为实现某种创造而进行的竞争也不可避免。人之所以常聚在一起是因为其中有乐。聚在一起的时间长短则由是否具有生乐的竞争形式所决定。比如，人们聚在一起能够产生乐的竞争形式，就有人类自己创造的麻将、象棋、围棋、扑克牌等等娱乐活动。

从一定意义上可以说，人在人世间总是有所争的。人与动物的区别不在是否有争，而在争什么，怎样争。动物，所有动物所争的无非两样东西，一是食物，二是性伴侣。人固然也有争食的时候，固然也有争性伴侣的时候，但也有不争食物的时候，不争性伴侣的时候；人固然有争名利、权力的时候，但也有不争名利、权力的时候；人固然有争物质利益的时候，但也有进行超越物质利益竞争的时候。所谓超越物质利益的竞争，也就是求乐的竞争。争也就是比，单纯地比力量大小、比知识多寡、比才能高下、比智慧高低、比品行善恶的竞争，是超越物质利益的竞争。人间存在的物质利益竞争固然是人类社会不断进步的动力，超越物质利益竞争更是人类社会不断进步的能力。人类社会进步的基本走向是：超越物质利益竞争逐渐取代物质利益竞争。人类社会即使走到社会主义历史阶段，也还是不能消除物质利益竞争。因此，物质利益竞争仍然是社会主义社会必然存在的事实，物质利益原则仍然是构建社会主义和谐社会不可或缺的原则。轻率地放弃这一原则必将犯历史性的错误，必将导致社会停止进步甚至倒退，必将导致社会动乱。但是，如果社会主义社会真是共产主义社会的第一阶段，则社会主义社会又应当是超越物质利益竞争大步代替物质利益竞争的历史阶段。因此，社会主义的本质之一，就是发展超越物质利益竞争。这就要求社会制度设计及改造社会的历史实践更多地体现这一历史发展的趋势。

共产主义社会还有竞争吗？在笔者看来，竞争是人类社会不可缺少的。不同历史阶段的区别之一，是竞争内容、竞争形式、竞争手段以至竞争规则的区别。迄今为止的人类社会的历史，是物质利益竞争与超越物质利益竞争共存的历史。在人类社会进步的历史过程中，有的竞争会逐渐退出历史舞台，有的新型竞争会登上历史舞台。但是，即使到了完全的共产主义社会也仍然会存在人与人的竞争。共产主义社会应当是物质利益竞争已经退出历史舞台的时代。如果还有或者还必须有物质利益竞争，则共产主义社会历史阶段就不会到来，即使有人宣布它已经到来，那也不符合事实，而是一种错误判断。共产主义社会会有哪些竞争呢？这是未来的问题。但共产主义竞争现在已经有了萌芽，已经有了端倪，那就是现实社会活生生存在的超越物质利益竞争。写到这里，我们不能不提到列宁论述过的共产主义萌芽——俄国十月革命胜利后不久在俄罗斯社会真实存在过的星期六义务劳动；我们也不能不提到新中国成立前后存在过的人性的光辉。

　　竞争也是有是非善恶之分的。竞争是善还是恶，取决于争什么，怎样争，也就是由动机目的以及所使用的手段来决定。在阶级社会里，竞争是善还是恶，是有阶级标准的。在不同的历史阶段，衡量竞争是善还是恶的标准也会不同。要知竞争是善还是恶，还是离不开具体情况具体分析，还是必须坚持"一切以时间地点条件为转移"的办法进行考量。衡量竞争善恶的标准是历史积累的结果，以文化积淀的形式存在，其核心就是人的价值观念。正因此，人类社会对某些竞争至今没有统一的善恶标准，因而仁者见仁，智者见智；但对某些竞争则已形成了统一的考量标准。价值观多元必使善恶标准不统一。考量竞争善恶的标准难统一，除开受竞争参与者裁判者立场这一因素影响外，还因为各种竞争胜负衡量的标准难以做到科学，这又是因为影响各种竞争胜负的因素是多种多样的，人们难以完全地认识。十全十美是上帝的尺度，追求十全十美则是人类社会的尺度。正因为有这种追求，各种竞争胜负的衡量标准就总是不断进步不断完善的。各种体育比赛规则不断完善就是这方面的证明。而各种体育比赛规则的完善，也就使与体育竞技相联结的物质利益竞争有了是非善恶的统一考量标准。

　　关于竞争这一人的特性，古人今人都是看到了的，但其认识和态度则有分歧。人们的态度和认识大概可分为三种不同的情况：一种是完全否定，看不到竞争的积极作用，简单地将竞争归结为恶；另一种是完全肯定，看不到竞争对社会历史发展的消极作用；再一种就是辩证地看待竞争，既不肯定人间的一切竞争，也不否定人间的一切竞争，有所肯定有所否定。

老子和荀子属于完全否定竞争派。老子主张"无为"，其"无为"是指什么都不做，也就包括什么都不争，"无为"的实质是不要争，是要去掉争。老子非常厌恶争，办法是出走，其治国主张集中到一点也是去掉竞争，具体办法则是"不尚贤，使民不争"，小国寡民，让老百姓"虚其心实其腹"，看重生死不远涉他乡，即使有了舟车也没有什么用处，甚至恢复到结绳记事的时代，使民至老死不相往来。荀子认为，人欲必使人争，"争则乱，乱则穷"，这就把竞争归结为恶了，也就完全否定竞争了。

韩非没有完全否定竞争。韩非认为，古代人民少财物多，没有争夺，后来人口多了，人民众而财物少，"故民争"。他还根据人之所争将社会历史分为三个时期："上古竞于道德，中世逐于智谋，当今争于力气"。①他也认为争是乱的原因，解决办法则是残酷镇压。商鞅在秦国搞了改革，其办法之一就是奖励耕战，这可以说是运用了鼓励物质利益竞争的办法，说明他看到了物质利益竞争的历史作用。墨子写了《非攻》，"非攻"的意思是反对主动进攻，不是"非战"。墨子主要研究防守之道，可以证明这一判断。墨子还主张人依靠自己的力量求生存求发展，这是站在普通劳动者的立场上发表治理国家社会的主张。以此为依据可以认为，墨子不是完全否定竞争的。庄子也不完全否定竞争。庄子所厌恶的竞争是物质利益竞争，是权力竞争，他反对的办法是身体力行，有机会做大官也不去，以织草鞋、钓鱼的办法解决生计问题。庄子实际上有争，他争的不是社会地位，不是物质利益，不是权势；他争的是思想行为自由，哪怕物质生活匮乏；他争的是"薪尽火传，不知其尽"。②孔子、孟子也不是否定一切竞争，这从他们对待做官的态度

---

① 《韩非子·五蠹》，线装书局2007年版。
② 《庄子》，线装书局2007年版。

就可以看出。孔子说:"危邦不入,乱邦不居,天下有道则见,无道则隐。"① 孟子并不反对君王追求国家兴旺发达,因而并不反对国家之间的竞争,但他反对为了竞争胜利不择手段,他主张用"施仁政"的办法实现一国的兴旺发达。他对梁惠王说:"五亩之宅,树之以桑,五十者可以衣帛矣。鸡豚狗彘之畜,无失其时,七十者可以食肉矣。百亩之田,勿夺其时,数口之家可以无饥矣。谨庠序之教,申之以孝悌之义,颁白者不负戴于道路矣。七十者衣帛食肉,黎民不饥不寒,然而不王者,未之有也。"② 这里的"不王"就是不兴旺发达,"王"就是国家兴旺发达。

完全肯定竞争的思想在中国,是改革开放以后出现的一种社会思潮,其主要观点是没有竞争就没有压力,没有竞争就没有活力。这话含有真理,但有错误成分。因为竞争是有是非善恶的,是可以、也应当予以分析的。对竞争不加分析,对竞争不加区分,不讲竞争的是非善恶,只是抽象地肯定竞争,是不科学的。其表现就是一个时期内,极端地否定毛泽东,说毛泽东不讲物质利益原则,将"只讲精神崇高"强加于毛泽东头上。事实上,毛泽东是承认物质利益原则的,是承认物质利益竞争在整个社会主义历史阶段都不可避免的。也许在毛泽东看来,既然物质利益是任何人都知道的那又何必讲之,更不必天天讲之,大大讲之,所以他特别注意讲人应该有那么一种精神——为国家强大,为人民生活幸福而不懈奋斗的精神。他之所以强调阶级斗争,甚至认为要天天讲,就是因为他看到人与人之间物质利益竞争长期存在,而物质利益竞争是内含善恶之争的,如果正义不能压住邪恶,人民幸福就没有保障。

---

① 杨伯峻:《论语译注》,中华书局1980年版,第82页。
② 杨伯峻、杨逢彬:《孟子译注》,中华书局1980年版,第18页。

## 三

合作——人的这一特性是从类人猿那里继承并在人类社会中发展起来的。从类人猿那里继承，使合作是人的天性之一；在人类社会中发展，使合作具有人类社会赋予、改进的特点。因此，能合作是人的本性之一。

竞争——人的这一特性也是从类人猿那里继承并在人类社会中发展起来的。从类人猿那里继承，使竞争是人的天性之一；在人类社会中发展，使竞争具有人类社会赋予、改进的特点。因此，竞争也是人的本性之一。

将这两个方面合起来，人的天性之一，是合作和竞争，人的本性之一，也是合作和竞争。

又合作又竞争的历史作用，是推动社会进步。又竞争又合作，既有竞争也有合作的人类社会，既使人之所欲不断发展，同时也使人之所能不断发展；既使人类社会的物质资料生产不断发展，同时也使人类社会的制度和精神文化不断发展。一部人类社会历史，既是一部不断改进人间合作的历史，同时也是一部不断发展人间竞争的历史。正是在历史的进程中，人们的竞争逐渐多样化，逐渐朝着公开、公平、公正的方向发展，而社会的法律制度和文化则是为规范、引导竞争服务的。在这个历史过程中，人性则以既要竞争又能合作体现出来，而争什么，怎样争又总是以某种形式与怎样合作、跟谁合作纠缠在一起，人之善恶也就必然存在了，且取得了挥之不去的性质和特点。

合作是反竞争的，但又是为竞争服务的。刘备与孙权合作，意味孙刘之间竞争暂时消失，但孙刘合作是为了共同对付曹操。打桥牌需要合作，其合作是为了竞争。麻将、象棋、围棋，都没有合作，只有竞争。但是，经常在一起玩麻将的人，常在一起玩象棋、围棋的人，又最可能合作。大学毕业前，老师强调学生要有合作意识，要有与人合作的能力，那是因为毛头小伙初出茅庐，羽翼未丰，没有多少与人争的能力。与人合作，寄人篱下，就不能一意孤行，就必须受得起委屈，就必须多少有点牺牲。合作是对竞争的限制。与人合作，就要使合作者高兴，最好办法就是让他多得利益，自己少得利益。

马克思主义哲学认为，矛盾斗争性是绝对的，同一性是相对的。根据此，可说竞争是绝对的，合作是相对的。和谐社会，是有争的社会。和谐社会之所以和谐，不是消灭了争，而是争有规则，竞争有序进行，竞争是按照公开、公平的原则进行的。和谐社会之所以和谐，还因为竞争是多种多样的。一些人争权力，一些人争名利，让他们争吧！一些人争立功，一些人争立言，一些人争立德；一些人以力争，一些人以智争，一些人以德争。这也是各得其所。正因为有这些各得其所，社会才会和谐。如果整个社会的人只争利，只争钱，或者再加上一个权，没有人争其他，这个社会不乱才怪，这个社会不坏才怪！超越物质利益竞争，是对物质利益竞争的限制。物质利益竞争与超越物质利益竞争，不能一个太多一个太少，二者也需要平衡。合作与竞争不可偏废，同样需要平衡。竞争既是社会发展的动力机制，同时也是社会发展的平衡机制；合作同样既是社会发展的动力机制，同时也是社会发展的平衡机制。和谐社会建设的关键在于运用好竞争与合作的机制，既要有竞争也要有合作，既要有物质利益竞争，也要有超越物质利益的竞争。发展社会主义精神文明、政治文明、生态文明，更是必须发展超越物质利益的竞争，也就是要使人们觉得为别人做点什么，为社会做点什么，为国家民族谋点什么，为人类和平和幸福贡献点什么，才是人之所以为人的真义。

荀子说"人能群"。这"人能群"是否就是讲人能合作？"人能群"在荀子那里固然有其确定的含义，但笔者理解不是人能合作的含义。所谓"群"应当理解为社会，包括社会组织形态，社会制度、文化等。"群"的本质，即社会的本质有两个方面，一是合作，一是竞争。"群"的能力，是将合作与竞争融合起来，使合作含竞争，使竞争与合作共存，使合作服务于竞争，使竞争为合作保有活力。竞争，首先是人类与动物世界以及与整个自然界的竞争，然后才是人与人之间的竞争。竞争和合作，这两方面的社会本质决定人的本性也有两个方面：竞争与合作。因此，所谓人能群，也就包含使竞争与合作平衡的意思，而不是只合作不竞争。

将合作和竞争确认为人之天性的理论依据，是唯物辩证法的对立统一规律。唯物辩证法用"矛盾"这个概念来描述整个世界及世界的一切具体事物或具体的研究对象，其结果是认为，矛盾有斗争性（对立）和同一性（统一）两个方面，两个方面是互相依存互相联结的。其中斗争性是绝对的无条件的，同一性则是相对的有条件的。矛盾的斗争性，在人与动物之间就是人与动物之争，在人类社会就是人与人以及各种人群之间的竞争。矛盾的同一性，在人与动物之间表现为和谐，表现为生态文明；在人类社会就表现为合作、协作、团结、一致、和谐等。

虎与虎争的方式，是划分势力范围。虎与牛羊相争的方式和结果是，牛羊被老虎吃掉。这是一种消灭对手的竞争方式。人与虎争的方式和结果有二：一是人被老虎吃掉或者老虎被人打死，最终结果是老虎越来越少；二是老虎被人驯服，老虎被关在动物园，老虎变成马戏团的"演员"。虎与牛羊相争，牛羊是老虎的食物，牛羊见虎即逃。虎不改变自己，牛羊也不改变自己。人却不同，人类改变自己。人知道"知母不知父"不好，就建立婚姻制度，就规定"三代以内直系血亲不通婚"。人知道把老虎全部消灭不好，就建立野生动物保护制度，就建立自然保护区对动物植物予以保护。人知道大量使用化肥农药不好，就改变。人知道碳排放太多不好，就减少碳排放。人是唯一能够反思自己行为的动物，因而也是唯一审查自己行为是否适当的动物。

# 人性发展的未来走向

## 一

人性的发展没有终结。从前述可知，人性的生成，是一个"自然历史过程"，面向未来，人性的发展则是一个没有完结的"自然历史过程"。无论人类整体还是个人，人性都是有其生，有其成。对个人而言，人性生于婴幼儿时期，成于具有一定的是非善恶美丑辨别能力，终于人生的结束。所谓成人，就是具有是非善恶美丑辨别能力并且能够选择行为。人类社会的是非善恶美丑标准不是凝固不变的，而是变动发展的；每个人的具体生存发展条件是不同的，其行为所得到的经验教训也是不相同的，因此人总是要遇到新情况新问题，直到死前也就总有必须面对的问题，其人性也就不能达到十全十美的境界，修养人性的任务也就总是没有全部完成。因此，人不仅必须活到老学到老，还必须修炼到死。对人类而言，人性生于人猿相揖别，成于"生存斗争停止"，成于人最终脱离动物世界，"从动物的生存条件进入真正人的生存条件"，成于人"完全自觉地自己创造自己的历史"，即成于人类完全彻底解放，进入创造历史的自由王国。

现实的人性，是既善又恶、以善为主的，那么，人性的发展趋势，人性的未来走向将是怎样的呢？

可以肯定的是，人类整体上在没有完成进入创造历史的自由王国前，人性仍然是善恶并存以善为主的，只有当人类整体上进入创造历史的自由王国之后，人性才是完全的善了。但是，我们这样说的时候一定不要忘记善与恶是对立统一的，没有恶也就无所谓善了。所以，准确地说，人性的发展趋势或未来走向只是在未来消除了今天的恶，而不是绝对地消除恶。

人是这世界上唯一具有善恶是非判断及判断能力的存在物。人有善恶是非观念，人的行为有善恶之分，人有善恶判断能力，是人与动物的根本性区别之一。动物没有善恶是非观念，没有善恶判断能力，其行为没有善恶之分。人性概念要全面反映人之属性，要反映人与动物的根本性区别，不反映善恶是说不过去的。善恶不仅是人的属性之一，而且是规范人类社会进步和人的发展的轨道。

善恶，之所以是人类社会进步和人的发展的轨道，是因为人的善恶标准，不仅具有时代性阶级性，而且其发展的总趋势是：剔除野蛮，崇尚文明；剔除凶残，崇尚人道；剔除掠夺，崇尚贡献；剔除懒惰，崇尚勤劳；剔除保守，崇尚进步；剔除守旧，崇尚创造；剔除无序竞争，崇尚有序竞争；剔除物质利益竞争，崇尚超越物质利益竞争；剔除"动物的生产"，崇尚"人的生产"。在这个总趋势指引下，人类社会不断进步，人性不断发展。

在经济领域，人类社会创造了资源、财产属于谁所有的制度，创造了资源、产品交换分配的制度。这些经济制度，规范了人们的经济行为，调整了人们的物质利益关系，使社会生产和生产力不断发展，为改善人们的关系提供了物质基础。但是，只要资源、财产属于谁所有的制度客观存在，则市场交换制度必然存在，人的自利心自利行为以及分配、交换中互相算计也就必然存在。社会经济制度是由社会生产方式和生产力水平决定的。随着社会生产方式和生产力的发展，社会经济制度必然变革。社会经济制度变革的总趋势是：资源共有和私有并存为公有代替。这个过程是一个漫长的历史过程，是一个逐步实现的渐进过程。

人们平等地享有道路通行权、受教育权、医疗权、公园休闲权、公共图书借阅权等，是这个过程的初步。每个人都能从社会免费取得食物、衣服、住房等资源，则是这个过程的终结点。社会制度的这种变革趋势固然要以生产力发展到一定水平为基础，但同时也是社会生产力进一步发展的制度基础。当这种时刻来临的时候，人性也就必然会呈现为前所未有的景象。

在政治领域，人类社会创造了权力运行制约制度。权力是社会发展到一定历史阶段的产物。权力是一种历史现象，既有其产生的一天，也就必有灭亡的时刻。在权力产生到灭亡的历史过程中，权力制约制度将有一个不断发展的过程。权力产生初期，崇尚权力的价值观念必然产生，以下犯上也就必然被视为恶。从中国历史看，春秋以前是不允许以下犯上的，以下犯上是被人们视为恶的。孟子开始使这一观念发生变化。孟子认为诛杀商纣王这样的暴君不是以下犯上，不是犯上作乱，不是恶行，而是善的正义的行为。他说诛杀商纣王是"诛一夫"。他还说："行一不义，杀一不辜，而得天下，不为也。"这是他的权力观。他的这种权力观对规范权力取得方式具有积极意义，但也有其局限性。因为权力既可为善也可作恶。以恶的方式取得权力固然是恶，但取得的权力是可以为善的；以善的方式取得权力固然是善，但取得的权力却可以为恶。为防止权力为恶，就需要权力制约。秦始皇建立的皇帝制度，使皇帝权力达到顶峰，这既是他成功的原因，也是他最终失败的原因。汉武帝的政治体制改革所贯彻的权力制约，是以加强皇帝权力削弱宰相权力为特征的，这也有权力制约。唐朝、宋朝、明朝、清朝的政治体制以及对前朝政治体制的改革仍然是这一思路的发展。中国历史上的政治体制并非没有权力制约机制，而是没有权利制约权力的机制。这才是这种政治体制缺陷的根本所在。科举制度创立及发展则反映这样一种历史发展的总趋势：以公平竞争的方式取得权位是善，以残暴的方式取得权位是恶；以公开公正公平的竞争的方式取得职权是善，以阴谋诡计以及行贿受贿即跑官买官的方式取得职权是恶。科举制度解决了官吏产生机制问题，却没有消除皇帝产生制度的弊端；皇帝权力无限对官吏权力制约有着强大的震慑力，却产生皇帝权力制约的真空地带。资本主义制度产生后，其立法、司法、行政三权分立互相制约的政治体制，其几年一届的总统选举制度，虽然克服了封建社会的皇帝继承制度、皇帝权力无制约等等弊端，却掩盖了资本控制权力的基本事实，且使权利制约权力具有表面性虚假性，因而并未从根本上解决权力制约问题。社会主义政治体制产生的历史还不长，迄今为止的社会主义政治体制还有待完善就成为必然的要求。新中国成立后，共产党领导下的人民代表大会制度，政治协商制度，虽然取得了前所未有的良好成效，但如何制约各个层次各个方面的权力，仍然是有待解决的问题。政治文明这一政治发展目标的提出，意味着政治制度完善有了新的理念和思路，而政治文明的真正实现则是权力的终结。在这个历史过程中，人性的发展必然也会带来新的景象。

在文化领域，各种各样的文学艺术、哲学、宗教以及教育等，作为社会意识形态总是以其既反映又超越社会生产力、社会经济政治制度要求的特点呈现在人们面前，其功用不仅是阻碍同时也推进着社会的发展进步，不仅是赋予人以恶同时也赋予人以善，但其主流则是发展着人的善性，总是使人向善。文化的核心是价值观。历史的现实的价值观念，是多样性和同一性的统一。何为人，何为人性，不仅总是以人与动物的区别为何的方式不断追问，而且总是会以何为仁何为不仁、何为君子何为小人、何为善何为恶、人生的价值为何等问题不断追问。这种不断的追问使人的人格理想不断变化，但其不断提升则是人性发展的总趋势。在这种总的趋势规定下，固然会有明的或暗的回流，但主流则是谁也不能阻止的东流去。因此，人性发展的总趋势或未来走向，是向善而不是向恶。而在这一人性发展的总趋势下，"经济人"只是资本主义这一历史阶段的人性，而不是所有历史阶段之人性，更不是人性发展的终结。

## 二

自亚当·斯密提出"经济人"这个概念之后,对"经济人"就有不同的理解:一种理解认为,"经济人"是对"现实人"人性的客观描述;另一种则理解认为,"经济人"只是经济学的一个理论假设,"经济人"假设和资源稀缺性假设一起,虽然是构成现代西方经济学的最重要的两块理论基石,但不是"现实人"的人性。"经济人"本来只是经济学的术语,其基本含义是说,作为市场主体的"人"具有三个方面的属性和特征:第一,经济人是完全自私自利的;第二,经济人只在乎经济利益或物质利益,而对其他方面不予考虑;第三,经济人是完全理性的。我国改革开放以来,学者们对"经济人"的理解出现了两种值得注意的情况,一是不仅将"经济人"理解为现实人的人性,而且认为"经济人思想"应当是伦理学、教育学的理论基石;[①] 二是对"经济人"做实验经济学研究,其结果是发现"经济人"这一假设的三个基本方面与人们的真实行为模式存在系统偏差。前一种理解虽然对纠正教育领域存在的偏差具有意义,但也存在降低道德要求从而为事实上的道德滑坡提供理论支撑的消极作用。

事实上,在马克思主义创始人那里,"经济人"是作为资本主义历史阶段的产物来理解的。这也就是说,"经济人"是作为资本主义这一历史阶段资产阶级人性来理解的。恩格斯在《反杜林论》里指出:由重农学派和亚当·斯密正面阐述的政治经济学学说,"所发现的生产和交换的规律",[②] 本质上是属于特殊历史阶段的,也就是"历史地规定的经济活动形式的规律"。[③] 但是,亚当·斯密等人却宣称他们所发现

---

[①] 龙静云:《经济人思想:经济伦理学的理论基石》,载《伦理学研究》2008 年第 2 期。
[②] 《马克思恩格斯选集》第 3 卷,人民出版社 1972 年版,第 190 页。
[③] 《马克思恩格斯选集》第 3 卷,人民出版社 1972 年版,第 190~191 页。

的经济规律"是永恒的自然规律",即"是从人的本性中引申出来的"① 规律。这也就是说,"经济人"作为人的本性,在斯密那里是其理论的一块基石,而在马克思那里则是批判(研究)的对象;在斯密那里,"经济人"是抽象的,是人的所谓天性,而在马克思那里,则是具体的,是活生生的,是"处于一定历史阶段的社会人"。② 正如恩格斯所说,"这个人就是当时正在向资产者转变的中等市民,而他的本性就是当时的历史地规定的关系中从事工业和贸易"。③ 所谓"正在向资产者转变的中等市民",就是资本家。所以,"经济人"作为特定历史阶段人性的概括,就是指资产阶级的人性;与资产阶级对立的无产阶级的人性则不是"经济人"所能概括的。对此,恩格斯说,只要"仔细观察一下"就是可以发现的。

"经济人"的本性,就是自私自利,就是唯利是图,就是利润最大化。"经济人"的本性是由资本的本质规定的,也就是由资本主义制度决定的。没有资本主义制度,就不会有"经济人"这样一种具体的人性。事实上,在资本主义制度产生前,是不存在"经济人"的,是不存在"经济人"的人性的。因此,"经济人"是资本主义历史阶段的产物。一方面看,资本主义的本质就是资本的本质。另一方面看,资本主义的本质同时也是社会分工前所未有的发展。资本主义作为一个历史阶段,是产品、资源普遍转化为商品的时代。在资本主义历史阶段之前,虽然商品交换早已产生,但自然经济仍然居于统治或主导地位,人们的生产生活对商品交换的依赖非常有限。因此,在资本主义历史阶段前,民生问题的解决模式可以概括为:自然经济为主体,商品经济为补充。进一步说,资本主义产生前,货币虽然早已产生,但人们的生产生活对它(钱)的依赖仍然有限。资本主义产生前,虽然"有钱能使鬼推磨"的观念已经产生,但金钱的作用总是受到限制。在自然经济占主导地位

---

① 《马克思恩格斯选集》第3卷,人民出版社1972年版,第190~191页。
② 同上。
③ 同上。

的社会历史阶段的地域，金钱的作用受到限制，"经济人"也就不能成为现实。与之相联系的事实则是：人的行为不是由人的食欲性欲或者利欲推动，而是由自然经济主导的全部人之所欲推动；善良淳朴的人性也就使已经具有"人天性自私"观念的人们感到愕然，感到不可理解。改革开放后，特别是旅游业发展初期许多旅游者在云南丽江等地所体验的人性与今天的旅游者在那里所体验的人性迥然不同，就证明不同经济体制下人性是不同而有别的。自然经济体制下的人，虽然已有利益观念，虽然已有利欲，但还没有资本主义市场经济体制下的利益观念，也没有利润最大化的欲求，其人性也就不可能是"经济人"的人性。"经济人"是资本主义市场经济体制的产物。而《资本论》的精髓则可以归结为三个等式：资本＝"经济人"；剩余价值规律＝"经济人"的发展规律；资本主义必然灭亡＝"经济人"必然灭亡。

## 三

社会主义社会的人必定不是"经济人"，其人性也就必然不是"经济人"的人性。社会主义是资本主义向共产主义过渡的历史阶段。马克思恩格斯预言：共产主义社会实行按需分配。所谓按需分配，不是按照市场经济体制派生的人之所欲分配，更不是按照"经济人"的所欲分配；不是使市场经济体制下的人各取所需，更不是让"经济人"各取所需；不是满足市场经济体制下每个人的所有欲求，更不是满足"经济人"的所有欲求，而是让共产主义社会的现实人各取所需。共产主义社会的主要特征是：生产力高度发展，物质财富的源泉充分涌流，而那时的人则是全面发展的人。所谓"全面发展的人"，固然仍然要吃要喝，但人之所欲已经不同于现在，与创造相联系的劳动已经成为人的生活第一需要。因此，共产主义社会的"现实人"已经没有今人的物质利益观念，已经没有古人、今人拥有的利欲，他们的所欲主要是创造点什么，为人类社会做点什么，为子孙后代留下点什么。因此，共产主义社会已经不需要资源财产所有制，已经不需要资源产品分配和交换制度，已经不再需要国家政治。所以，马克思恩格斯说，共产主义社会是消灭了阶级、阶级斗争的社会，是国家已经消亡的时代，是军队、警察、监狱与青铜斧一起陈列于博物馆的时代。显然，共产主义社会的人所具有的人性，就不是古代和当代人所具有的人性。但是，即使如此，共产主义社会的人性仍然要从人之所欲、人之所能、人之所为这三个方面描述；其人性的特点仍然是既善又恶、以善为主，不过，那时代的是非善恶美丑观念和标准已不同于往日，不同于今天。作为资本主义向共产主义过渡历史阶段的社会主义社会，其人性既不同于共产主义阶段，也不同于资本主义历史阶段。因此，社会主义社会的人不是"经济人"，但又还保留某些与"经济人"特征相似的特征。

这就是说，社会主义社会的人性善恶问题已经不同于资本主义社会。社会主义社会仍然是存在物质利益关系的社会，这个历史阶段的人性，是由现实的社会主义社会的"一切社会关系的总和"决定的，同时也必然要受到以"以往历史阶段社会关系总和"为基础的旧文化的影响。社会主义社会的"一切社会关系的总和"决定该历史阶段的人不是所谓的"经济人"，但这个历史阶段的物质利益关系以及过去时代的旧文化则使这个历史阶段的人具有某些"经济人"的倾向和特性。

社会主义制度还只有一百多年的历史。当今的社会主义制度还不是成熟的社会制度。我们既可以说，人类已经进入社会主义时代，但也可以说还没有进入社会主义时代。当全世界所有国家都实行社会主义制度的时候，才是真正进入社会主义时代。全世界都进入社会主义时代后，才能真正开始向共产主义过渡。在社会主义这一历史阶段，还不能实现按需分配。因此，社会主义社会的人还会与共产主义社会的人存在区别，社会主义社会的人性也就必然与共产主义社会的人性存在区别。按照马克思恩格斯的预见，社会主义社会仍然必须实行按劳分配制度。因此，社会主义社会的人仍然具有利益观念，其人性的特征虽然不再是

"经济人"的特征，但具有物质利益欲望则仍然是一个基本特征。我国正处于并将长期处于社会主义初级阶段。社会主义初级阶段的基本经济制度是公有制为主体多种所有制经济共同发展，按劳分配为主体多种分配制度同时并存。并且这种基本经济制度是与市场经济体制相结合的。因此，社会主义初级阶段的人性就必然更多地具有"经济人"的倾向。这种"经济人"倾向不仅必然表现为市场主体利润最大化的欲求，而且必然表现为每个人都有的物质利益最大化的欲求。因此，社会还必须坚持物质利益原则，开展以个人物质利益扩展为内容的竞争，这既是需要社会主义基本经济制度和市场经济体制的根本原因，同时也是社会生产力发展的动力所在。显然，要使社会主义初级阶段的人逐渐消除"经济人"的倾向，使劳动从单纯的谋生手段逐渐演变为"乐生要素"最后成为"人的生活第一需要"，① 使人成为真正意义上的全面发展的人，就必须适当开展物质利益竞争的同时大力发展超越物质利益的竞争。中国走完社会主义初级阶段，可能需要几代人甚至几十代人努力奋斗，全世界走完资本主义向社会主义过渡的路程将需要更长的时间，但这个历史阶段的本质特征则是：物质利益竞争趋弱，超越物质利益的竞争趋强。历史经验告诉我们：人的发展，不是自然的产物，而是社会历史的产物。人类社会历史发展的总趋势是走向文明、走向进步，无序竞争被有序竞争代替，物质利益竞争被超越物质利益的竞争所代替。当人们已经具有强烈自身物质利益意识和追求的时候，引导人们积极投身于超越物质利益的竞争，就是实现人全面发展的关键所在，而这同样需要相应的制度安排予以支持。正是这样的现实和现实的人，使得社会主义基本经济制度以及市场经济体制基础之上的物质文明、精神文明、政治文明、生态文明建设获得了充分的根据和要求。这四个文明相统一的社会发展必然使人性得到进一步的发展。但是，无论人性怎样发展，有两点是确定无疑的，其一，人性的发展不仅总是人之所欲、人之所能、人之所为的发展，而且总是有善恶是非之分的。其二，无论人性怎样发

---

① 《马克思恩格斯选集》第3卷，人民出版社1972年版，第12页。

展，人总是要吃饭的。因此，人们创造历史的第一个前提，也就只能是保证"必须能够生活"的物质资料生产不断发展，而这个前提之所以是"绝对必须的实际前提",① 则是因为"如果没有这种发展，那就只会有贫穷的普遍化；而在极端贫困的情况下，就必须重新开始争取必需品的斗争，也就是说，全部陈腐污浊的东西又要死灰复燃。"②

问题在于，人类社会能不能保证物质资料生产不断发展并使每个人的物欲只是其自由全面发展对物质资料的真实需要。笔者认为，历史将对此做出肯定的回答。而历史所要做出的肯定回答，现在已经有了以下的端倪和表现。

第一，资源的无限性和生产力发展的无穷性以及所带来的劳动变化。在当代，不断升级的计算机、越来越快的电信网络、拟人化程度越来越高的机器人以及各种相关技术的发展，正在每个领域和行业取代人的位置和作用。这使许多学者敏锐地意识到"工作终结"和"无劳动社会"的时代将要来临。西方学者迈克尔预言："在将来更加自动化的全球经济中，上亿人的劳动将不再必要，或根本不必要。""在无劳动社会中，人们不再有为了生计而劳动的压力"，人们"可能追求从新闻和写作、艺术欣赏和创作、做游戏中获得快乐。他们可能追求更多的更高尚的活动——为了学习的乐趣而进行学习，为了更健康而锻炼身体，以及为了更大的个人满足而培养其心智"。"人们掌握了这一切闲暇时间，就可能大规模地帮助别人。这将使他们成为优秀的社会主义者"。③美国电脑专家预测："2025年之后，机器人将代替人在工厂和农场中工作，而且它们将为所有的人提供基本的生活必需品。"人们的闲暇时间增加和劳动时间缩短，为上述预言的科学性提供了强有力的支持。随着工作时间在人的生命中所占比例越来越小，人为了生计而劳动的压力将越来越小，劳动将越来越不是为了"谋生"而是为了"生命的意义"

---

① 《马克思恩格斯选集》第1卷，人民出版社1972年版，第39页。
② 同上。
③ 赵磊：《关于马克思主义的几个误读》，载《哲学研究》2006年第6期。

而成为人的"第一需要"。

马克思曾说：劳动过程"是人和自然之间的物质变换的一般条件，是人类生活的永恒的自然条件，因此，它不以人类生活的任何形式为转移，倒不如说，它是人类生活的一切社会形式所共有的。"① 当劳动不再是个人的谋生手段的时候，但劳动仍然是整个人类的谋生手段。这是因为：未来社会即使实现了物质资料生产全部交由机器进行，而人的直接劳动大量减少，以至几乎没有，但其社会生产还是离不了控制机器和不断创造新机器的劳动；而控制机器和不断创造新机器的劳动则不仅要以过去劳动的积累为基础，而且必须以不断持续的创造性劳动来支撑。所以，劳动在未来仍然是整个人类的财富源泉。而劳动一旦不再是个人的谋生手段，则必定就会成为人的乐生要素而成为人的第一需要。相反，在劳动仍然是个人谋生手段的社会里，不仅劳动作为生计压力会使某些人堕落，就是不劳而获的无所事事也会使某些人堕落。

第二，人的生命以及生命价值的显现对物质资料的依赖本是有限的，这不仅表现为人的物欲在生理上有限，而且表现为人的物欲在心理上也存在边界。人的生理需要有限，是不难认识的。比如人只有一个胃，由这个胃所直接产生的需要是非常有限的。"人类的物质欲求与物质产品的数量成反比关系"，是西方经济学经典教义所揭示的一定条件下的客观规律，即"边际效用递减"规律表明：人的物欲在心理上也是有限度的。马斯洛的需要层次理论证明：物质财富与人类心理活动中的"物质动机"成反比，与"非物质动机"成正比。人的物质欲望是随着物质财富增加而递减的。事实上，资源有限是以欲望无限为前提的。如果人的欲望真是无限的，则资源有限就是确定无疑的。如果人的欲望是有限的，则资源有限就是不能成立的。而当代的绿色和平运动、志愿者行动、环境保护运动以及慈善事业的发展，都在告诉我们：人的欲望是有限的。人的欲望无限决定人必自私，而人的欲望有限则是来自人生的体验以及与人生体验相一致的价值观念。而且，还有一个事实值

---

① 《马克思恩格斯全集》第46卷下册，人民出版社1975年版，第208~209页。

得注意,那就是:"一旦群体中多数人的行为不再是效率导向的时候,自利性假设将失去解释力。这一趋势在后工业社会里看得非常清楚。"①

天下没有免费的午餐——是历史和现实的真实,其积极意义是提醒人们不要妄想不劳而获,其消极意义则是将所有人都一律视为小商小贩。

天下将有免费午餐——是对未来的憧憬,其消极意义是使某些人逃避现实梦想不劳而获,其积极意义则是使人相信未来。

走向未来的社会必然造就"免费的午餐",因为这"免费的午餐"实乃各取所需的样式。一旦社会有了"免费的午餐"则人性善恶将还会生出新的样式。因为:人性不是永恒不变的,劳动作为谋生手段的制度也不是永恒不变的。

---

① 汪丁丁语,转引自赵磊《关于马克思主义的几个误读》,载《哲学研究》2006年第6期。

# 关于告子的人性论

## 一

在《孟子》里，由告子原话构成的告子人性理论，就是告子的三个观点：其一，"生之谓性。"其二，"食色，性也。"其三，"性无善无不善也。"

"生之谓性"的意思是：天生的属性（资质）、特征叫作性。"食色，性也"的意思是：食欲性欲，是人的天性，是人的本性。"性无善无不善也"的意思是：人性没有善与不善的区别。

告子的人性理论，就是由上述三个论断构成的理论体系。这个理论体系内含两个三段论的推理。第一个三段论的大前提是：天生的属性（资质）、特征才能叫作人性。其小前提是，食欲性欲是人所具有的天生的属性（资质）和特征。其结论是：食欲性欲是人的本性。第二个三段论的大前提是：天生的属性（资质）和特征，是没有善恶之分的。其小前提是：食欲性欲作为人的天生属性，即人的本性，是没有善恶之分的。其结论是：人的本性是没有善恶之分的。

告子人性论的思路是：先解决什么是"性"的问题，而后再解决人性问题。这个思路没有错。但是，他只将天生的、自然生成的属性（资质）和特征规定为性，即所谓"生之谓性"的理论则是有问题的，是错误的。因此，他的第一个三段论的大前提就是有问题的。正因为这个大前提存在问题，所以结论存在问题。

　　告子人性理论的合理性是明显的，那就是他的理论看到了人有食欲和性欲，而这两个欲都是要满足的。以往历史表明：一切社会的问题归根到底都与人的食欲和性欲能否满足有关，一切社会的问题都与怎样满足人的食欲和性欲有关。在告子看来，人的食欲性欲具有天然的合理性。食欲性欲本身也没有善与不善的问题。因此，食欲和性欲，是人的本性。根据告子的这一理论，我们可做如下推论：人不能抑制自己的食欲和性欲，人也不能教人抑制食欲和性欲，更不能采取什么措施抑制他人的食欲和性欲，因为抑制人的食欲和性欲，是违背人的天性的，是违反人的本性的。这样一来，问题就出来了。如果所有人都不对自己的食欲性欲进行必要的抑制，结果必然是天下大乱；如果人的食欲性欲不应适当抑制，那就无需道德法律规范。道德法律规范都不是从来就有的。道德法律规范是历史的产物。道德法律规范整体上本质上，都不是反人性的，而是顺应人性发展的产物。如果道德法律是反人性的，是违背人性的，也就不能长期存在并对人的行为进行约束。用人性本无善无恶来解释道德法律的有善有恶，是解释不通的。相反，用道德法律的善恶来解释人性之善恶，也是解释不通的。这也就是说，人性善恶与道德法律之间的因果关系，不是前因后果的因果关系，而是互为因果的因果关系。换言之，并不是因为人性本恶因而需要法律道德，也不是因为人性本善或人性无善无恶而导致道德法律规范产生，而是人性有善有恶导致法律道德产生。反过来说，不是因为人性善或恶导致法律道德产生，也不是因为人性无善无恶导致法律道德产生，而是法律道德导致人性善恶产生。

　　告子还用两个比喻来论证他的理论。第一个比喻，是把他所讲的人性即食欲和性欲比作桮柳树，把善即"义"比喻为杯盘，义的产生如同杯盘的产生必须经过人的制作过程。第二个比喻，是把他所讲的人性即人人都有食欲和性欲比喻为水，把人之善恶行为比喻为东流水或西流

水,善恶的产生在"决","决诸东方则东流,决诸西方则西流。"我们从告子的这些理论里可以获得两点启示:

第一,人的食欲和性欲本身是没有是非善恶之分的,它是一种自然赋予的客观存在,是不可能消灭的,但在一定条件下可以扩张也可抑制。

第二,人性中的善和恶不是从娘胎里带来的,而是后天环境(含教育)和主体自主学习、选择的结果。因此,每个人在自己的成长发展过程中都应当理性地选择环境和决定自己的行为,从而使自己不至于行恶或作恶多多;每个人在教育自己的后代时都应当注意品德教育,以求子孙具有正确的是非善恶辨别能力,获得善的行为习惯。

但是,告子用这样两个比喻来论证人性无善无恶却是存在问题的。这问题有三:

其一,告子没有从人与物,特别是人与动物的区别上来探讨人性、人的本性。说人性是人类所有个体的共性,没有错。但是,如果说人性就是人与动物的共同性,则错了。因为这样说,没有把人与动物区别开来。说食欲性欲是人的一种性状和特征,没有错。但是,将食欲性欲规定为人的唯一性状和特征,则是大错特错。因为食欲性欲,不仅人皆有之,动物也都有之。所以,仅将食欲性欲规定为人性是不能把人和动物相区别的,而人性理论的重要功能或者说其意义就在于要将人与动物区分开来。指出人有食欲性欲,是指出了一个事实,但是这个事实是人所共知的。仅仅指出一个人所共知的事实,对于一种人性理论来说,是没有多大价值和意义的。

其二,告子没有看到天性与本性的区别,将天性本性混为一谈,是错误的。就人来说,食欲性欲确实是人的天性,但是,食欲性欲并不就是人的本性。本性这个词的含义有二:一是指事物本来(原本)就有的性质和特征,二是指事物的本质属性和特征。食欲性欲,是人本来就有的性质和特征。说人的食欲性欲是人的天性是成立的,是没有错的。但是,所有动物也有食欲和性欲。这就是说"有欲"是人和所有动物

173

的共性。要认识人的本质属性和特征，就不仅需要从"有欲"的角度区分人和动物，而且需要从"有欲"之外区分人与动物。从"有欲"的角度区分人和动物，我们就可以看到人之所欲与动物所欲，是不同的。因而，我们可以得知：犬之欲不同于牛之欲，牛之欲不同于马之欲，动物之欲不同于人之欲。孟子比告子高明的地方就在此。孟子说：不能将犬之性等同于牛之性，更不能将牛之性等同于人之性。孟子实际是说，人固然有食欲性欲，而且人的食欲性欲应当满足，但是不能将食欲性欲规定为人性。人性，或者说人的本质在于人有向善性。

其三，告子从人之所欲没有善恶之分出发，进而断定人性没有善恶之分，是错误的。人性这个概念是用来干什么的，其功能是什么？告子没有回答这个问题，甚至没有思考这个问题。人性这个概念的功能，实际上有两个，一是区分人与动物，一是区分人。人与动物的区别是什么？就是人性。人与人的区别是什么，也是人性。人性的不同就是人与人的不同。常听人评价人的话就是，"那个人本性不坏"。可见人皆有其本性。因此，科学的人性理论就是既要讲清楚人与动物的区别是什么，有哪些，其区别是如何造成的，同时也要讲清楚人与人的区别是什么、是如何造成的。一种人性理论是否正确地回答这些问题，决定其价值的高低，决定其在思想史上的地位。

告子理论的积极面是提醒人们莫忘记一个基本事实：人皆有欲；其消极作用有二：一是为人性没有善恶之分提供了理论根据，二是为人性本恶和人的本性自私的人性论观点提供了理论根据。荀子的人性本恶论，人的本性自私论，"人不为己，天诛地灭"的理论，几乎都是以人有欲、人的欲望无限无法满足为理论根基的。

人之所欲确实是人性之一，但不是人性之全部，更不是人性之唯一。人之所欲在人的全部属性和特征中，是一个什么地位呢？笔者认为，它是处于次要的地位，是属于非本质的人的属性，而不是人的根本性的本质属性。虽然人之所欲是人的天性，是人原本（本来）就有的属性，但不是使人猿相区别的根本属性，更不是使人与所有动物相区别的根本属性，它不决定也不反映人之何以为人。人之所欲虽然是消灭不了的属性，虽然它对于人类社会的存在和发展起到了十分重要的作用，但是，它还是可以改变的，是可以满足的。而改变它、满足它的关键在于社会制度和相应的文化。如果将来有一天，任何人的食欲都能随时随地满足，则食欲在人们心目中的地位就会大为下降。

人是类人猿进化来的。类人猿也许有许多不同于其他动物的属性，但它们的所有这些属性在本质上属于动物属性的范畴。也就是说，无论类人猿的属性如何特别，如何特殊，也还不是人的属性。几个石头磨过，是人猿相揖别的标志。类人猿完成向人类转化的初期，也就是远古时代的初人，从类人猿那里直接继承的某些属性，如饮食男女等人之天性，虽然属于人的属性的范畴，但其实与动物之性相差不远。至于人的"善假于物"等属性则还处于产生阶段。但是，新生的东西往往具有极强大的生命力。类人猿进化为人的原因可能与环境变化有关，可能与自然灾害有关，可能是环境逼迫的结果，但也可能与环境无关，即不是环境逼迫的结果，而是类人猿主动改变自己的结果。类人猿进化的原因只能到类人猿身上寻找，其原因也许很多，但可以肯定的是，一定不是类人猿本来具有的饮食男女之欲造成的，而是为解决饮食之欲问题的活动造成的，甚至都可能不是为满足饮食之欲的活动造成的，而是满足乐之欲的活动造成的。当然，在类人猿进化为人的漫长历史过程中，类人猿的饮食之欲一定起了作用，但不能夸大这种作用。做此判断的依据是，华南虎灭绝了。华南虎灭绝，人类固然有些责任，但主要责任在它自己，在于它不能适应环境的变化。近几十年的情况表明，气候在变化，气候已经变化。面对气候变化，人一方面在做缓和气候变化的努力，在减少碳排放，在为减少温室效应而努力；另一方面，人也做适应环境变化、适应气候变化的努力。人甚至为动物园的动物装上了空调。面对这种环境、气候变化，动物应当是有所感觉的，有所感受的，但它们没有做什么，也不能做什么，从这里我们可以看到或者悟到人性与动物性的根本性区别。因此，我们在谈论人性的时候，固然应当看到人之所欲，但不能止于人之所欲。因为人之所欲不是人的根本属性，也不是人的本质属性。仅将人性规定为人有欲，是对人类的不尊重，是对人性的不尊重，其结果是物欲横流，是人的全面发展的脚步放慢。

## 二

告子的人性论对后世认识人性与性的关系问题，既有积极作用，也有消极作用。关于人性与性的关系，我们需要认识到：

第一，性欲，是人所具有的。凡是具有健康身体的人，在一定的年龄阶段，都会具有性欲。这是一个客观事实。问题的关键，不在于是否承认这个客观事实，而是在于怎样看待这个客观事实。不承认人有性欲，不是唯物主义，不能正确看待人的性欲更不是唯物主义。

从人类的历史看，人是由类人猿变过来的。劳动对类人猿变成人起了决定性的作用。因此说，劳动创造了人。在类人猿变成人的历史过程中，"性"没有起到什么作用，至少是没有起到决定性的作用，起决定性作用的是劳动。因此，从这个角度看问题，可以将"性"从人性这个范畴里排除出来。

但是，如果换一个角度看问题，则"性"不仅不能从人性范畴里排除出来，而且是人性题中应有之义。这也就是说，人们讨论人性问题时，是没有也不能回避"性"问题的。可以说，人性论是必然要讨论人之"性欲"以及性生活的。事实上，错误的人性论往往不能正确地阐明人性与"性"的关系，科学的人性论则往往能正确地阐明人性与性的关系；错误的人性论往往夸大"性"的作用，科学的人性论则把"性"放在适当的位置，绝不会把人性归结为性。将人的一切活动的动力、目的、动机等，都归结为人欲，甚至归结为人的食欲和性欲，不仅是错误的人性论，而且是错误的历史观。

马克思主义认为，人性的产生和发展虽与人怎样对待"性欲"有关，但绝不是性欲起作用的结果。在一定意义上可以说，人性的产生固然是始于"人猿相揖别"的时刻，但其真正的生成却是与怎样对待"性"有着深刻的内在联系的。这也就是说，由劳动导致的以"几个石头磨过"为标志的"人猿相揖别"只是人类从动物世界走出的第一步，而正确地对待"性"则是人类从动物世界走出的第二步。没有第一步固然是没有第二步，但止于第一步也是不成的。因此第一步是伟大的，第二步也并不渺小。

"性"是人的自然属性之一。但人作为万物之灵的原因却并不是因为人具有这种自然属性，而是在于人能够对这种自然的属性进行正确认识和适当的控制。人性的产生和发展与人的性关系的处理是密切相关的。承认"性"，承认"性欲"，属于求真的范畴。怎样看待"性"，怎样看待"性欲"则属于求善的范畴。将人之性欲视为无善无恶，既是对性欲的承认，同时也是对待性欲的态度。如果人类对待性欲的态度停止如此，人类社会是难以进步的。人类社会之所以不断进步，其重要的原因之一就是没有停止于这种认识，而是将人之性欲区分为善恶。而人类社会的这一进步的事实和轨迹可以通过婚姻制度史来考察。

人类在漫长的原始社会里经历了知母不知父的时代，告别了群婚、对偶婚等婚姻的历史形式，终于确立了一夫一妻制。这个过程也就是人性增加动物性减少的过程。人性和动物性的区别虽然是多方面的，但"性的关系"则是其集中的体现。恩格斯认为，人类曾经有过"毫无限制的性交关系"的历史时期，那时，"每个女子属于每个男子，同样，每个男子也属于每个女子"。[1] "不仅兄弟和姊妹起初曾经是夫妇，而且父母和子女之间的性交关系今日在许多民族中也还是允许的"[2] 的事实表明人类发展的历史过程中曾经有过这样的历史阶段——混乱的性关系时期。人类之所以有今天，从一定意义上可以说，是由于能够对性交关系进行限制和选择。恩格斯指出："排除了父母和子女之间相互的性交

---

[1] 《马克思恩格斯选集》第4卷，人民出版社1972年版，第26页。
[2] 同上，第30页。

关系"是人类的第一个历史性的进步，而"第二个进步就在于对于姊妹和兄弟也排除了这种关系"。① 这后一个进步，"由于当事者的年龄比较接近，所以比第一个进步重要得多，但也困难得多。"② 这一进步虽然是逐渐实现的，起初可能是在个别场合，后来则成为惯例。但是，这种进步却事实上具有极其伟大的意义。这种进步最初可以说是自然选择的结果，因而是人类生存发展所必需的，但到后来却是人类理性选择的结果。所谓理性选择，是以人类总结自身的经验教训而后采取的聪明行动。如果人类不能从痛苦的甚至是悲惨的教训中觉醒而走向文明，人类就必然仍然停留在与动物为伍的境界里。正因此，人如何对待自身的性要求以及如何处理性的关系，是一个能集中体现人性的环节。

人类社会的婚姻制度的发展历史，本质上就是人类对待性关系进行适当控制的发展历史。适当控制性关系，是以性关系必须适当控制的认识为前提的。只有当人们认识到"每个女子属于每个男子""每个男子属于每个女子"的恶果，进而将那样的性关系视为"耻辱"的时候，才会对那样的性关系进行必要的控制。这也就是说，人只有将"父母和子女之间的性交关系"和姊妹兄弟之间的性交关系视为乱伦的时候，才会对这样的性关系加以反对和控制。当人的性生活同动物的性生活一样处于完全自然的状态时，人性是不存在的，存在的只有动物性。当人的性生活是在血缘群体内部自由进行毫无限制时，人类的繁殖也就必是近亲繁殖，而人类近亲繁殖的害处在今天则是谁都知道的。而这种知识的获得则不知是多少痛苦的教训换来的。所以说，父亲、母亲、儿子、女儿、哥哥、弟弟、姐姐、妹妹、叔伯、姨舅、表哥表妹、表姐表弟，所有这些称呼，都是来之不易的，也不知是经过多少时间才出现的，然而，这些称呼对人类走出原始状态的意义却是巨大的，对今人以至人类的未来发展也具有十分重要的意义。在没有这些称呼以前，人的性交是不受任何限制的。而有了这些称呼之后，人的性交就必然地要受到初步

---

① 《马克思恩格斯选集》第4卷，人民出版社1972年版，第33页。
② 同上。

*178*

的限制。不受限制的性交，与其说是人的性交，倒不如说是动物的性交。从动物的性交发展为人的性交，实际是人类从动物世界走出的一个根本标志，它的意义可能比"几个石头磨过"更为伟大。

显然，人的性关系的正确处理，是人性的重要方面，也体现着人性的光辉。人性正是在人类学会处理性关系的历史过程中被人类社会创造出来的。当今世界仍然存在性病特别是目前仍然在某些国家蔓延的艾滋病，则进一步证明人正确对待和处理性的关系是十分重要的事情。人类的性关系，是人类的一个重要的认识领域。人类对这个领域的认识将决定人类走向未来的方向。

在对待性欲问题上，有两种互相对立而又错误的观点：禁欲主义和纵欲主义。禁欲主义的真正立足点，是消除无限制性欲必然产生的恶果，其出发点和极端的表现形式则是不加分析地否定性欲，将性欲视为恶。其结果也就必然是违反人性的。纵欲主义的立足点，是性欲无善无恶，是不加分析地将性欲肯定为善和美。纵欲主义的结果最终同样是违反人性的，是产生不利于人类社会进步和发展的恶果。

第二，性欲既然是人的自然属性，当然就是不仅可以反映而且可以描写的，但是反映和描写有一个态度问题，有一个怎样反映、怎样描写的问题。文艺作为反映人性的意识形态，免不了要反映性，免不了要描写人的性生活。在一定意义上可以说，文艺反映性、描写性生活不仅是必要的正当的，而且是有意义的，但是可以写应当写并不等于不论怎样写都是正确的。鲁迅说过"文学不借人，也无以表示'性'。"反过来说，文艺不写性，无以表示人性。但是，写出真正的人性的关键在于怎样写，而怎样写又是由写的目的决定的。

自然主义的写性，纯客观的写性，其目的是什么？如果其目的是性教育，则说明所谓性本能并不是纯粹的本能，所谓人的性本能其实也是因教育而成长的；如果其目的不是性教育，则对性的所谓客观描写往往就成了色情文艺。色情文艺的错不在于写了性，其错有二：第一，其目的不是进行必要的适当的性教育；第二，其手法是将性置于不适当的位

179

置。近年来，流行的提法叫作"人性的深度就是性"。所谓"人性的深度就是性"，其实就是把人的"性"归结为人性，把"性"视为人的根本特性或第一特性，其结果是把人归结为动物。在这种理论指引下，文艺成为了展示性的舞台。这种情况虽然在最近几年有所改变，但凡文艺作品都要写性，文艺作品不写性成为奇怪的现象，还没有根本改变。

# 关于孟子的人性论

一

　　人性问题有两个，一是人与动物的区别，二是人与人的区别。就人与动物的比较而言，一方面人与动物有共性，另一方面人类作为个别有自己的个性，也就是人与动物存在区别。看不到人与动物的共性，或者看不到人与动物的区别，都会犯错误。中国古代的人性理论所取得的成就和发生的错误，可以告诉我们这一点。告子说：食色，性也。告子人性论的正确面和错误面都在这里，其错误就在于只看到人与动物的共性，而看不到人与动物的区别。孟子的人性论既看到了人与动物的共性，同时也看到了人与动物的区别。

　　孟子说："人之所以异于禽兽者几希，庶民去之，君子存之。"[①] 其意思是，人和动物不同的地方只那么一点点，一般人（老百姓）去掉它，君子保留它。孟子这个说法，有应当肯定的，也有应当否定的。应当肯定的是，孟子看到了人与动物存在区别，但他认为人与动物的差别"几希"，则是应当否定的。"几希"表明孟子认识到人与动物存在共性，这人与动物的共性是什么？有哪些？孟子没有做出正面回答。但是，他实际上有回答，这回答就是他没有否认告子讲的"食色，性

---

① 以下所引孟子言论，均出自杨伯峻、杨逢彬：《孟子译注》，中华书局1980年版。

也"。"几希"还表明，孟子看到了人与动物的差别，虽然他认为人与动物的差别很小很少，就那么一点点。孟子人性理论的可贵处之一，在于他强调人与动物存在差异。

孟子主张人性善。那么他讲的人性善是"人性本善"还是"人性向善"呢？台湾大学傅佩荣教授认为，孟子的观点是人性向善，他说：孟子没有说过"人性本善"，人性本善是荀子强加给孟子的。《孟子》一书确实找不到"人性本善"的话语，但是《孟子》一书却对人性本善做了论证，他虽然没有能够证立人性本善，但做了这种努力。或者说，孟子的思想深处是认为人性本善的。《孟子》一书提供了支持这一判断的论据。

其一，《孟子》说："恻隐之心，人皆有之；羞恶之心，人皆有之；恭敬之心，人皆有之；是非之心，人皆有之。"请注意，孟子说的是"人皆有之"，而不是说有的人有，有的人没有。既然是"人皆有之"当然就是人人都有的共性特征，而不是人的个性特征。这"人皆有之"的"人"是否包括婴儿？孟子似乎没有做出回答，但实际上给出了答案。

其二，孟子说："人之所不学而能者，其良能也；所不虑而知者，其良知也。孩提之童，无不知爱其亲者，及其长也，无不知敬其兄也。亲亲，仁也；敬长，义也。"有学者认为，这里的"良能"既可翻译为"甚（好之）能"或"最（好之）能"，也可翻译为"本能"；这里的"良知"既可翻译为"甚（好的）知识"或"最（好的）知识"，也可翻译为"本知"。笔者认为，孟子这里所讲的"良能"是人的本能，所讲的"良知"是人的本知。所谓本能，就是本来就能。所谓本知，就是本来就知。人为什么本来就知道孝顺父母尊敬兄长呢？人为什么本来就能孝顺父母尊敬兄长呢？孟子的回答是：人有"四端"。

其三，孟子说："恻隐之心，仁之端也；羞恶之心，义之端也；辞让之心，礼之端也；是非之心，智之端也。"这"四端"是从哪里来的呢？是人生来就有的还是后天学习得来的呢？孟子认为是人生来就有的。他说:"仁义礼智,非由外铄我也,我固有之也,弗思耳矣。故曰,'求则得之,舍则失之。'或相倍蓰而无算者,不能尽其才者也。"孟子这段话的意思有三层:一是说仁义礼智的观念是人天生就有的,是"我固有之"的,不是外界输入的,只是人不去想它就似乎没有;二是说仁义礼智的观念既是可以保留的也是可以失去的,想它也就是"求","求"的结果是"得之",不想它就是"舍","舍"的结果是"失之";三是说人的这"四端"有发扬不发扬问题,如果发扬得好会使人与人的区别相差一倍、五倍,甚至无数倍。

其四,孟子批评告子的人性犹如水决之于东向东流决之于西向西流的理论时指出:"人性之善也,犹水之就下也。人无有不善,水无有不下"。意思是说,水之所以既可向东流也可向西流是由水向下流的本性决定的,没有水向下流的本性就不会有向东流向西流的表现;人的本性是善的规律就好像水往低处流的规律。至于人为什么作恶,则是由环境决定的。所以,孟子说:"富岁,子弟多赖;凶岁,子弟多暴,非天之降才尔殊也。"

其五,《孟子》多处强调"人皆有不忍人之心"。所谓"不忍人之心",就是把人当人,也就是今人讲的人道主义和以人为本。不过,孟子没有能够把他的理论阐述清楚,没有达到今人的水平。但我们多读一下《孟子》就可体会到孟子的仁政思想其实是以"不忍人之心"为理论基础的。其"仁政"的内容和具体要求有:一是为保持和拥有政治权力(权位)不要随便杀人。为了表示他对随便杀人的愤慨及践行其价值观的决心,他说:"行一不义,杀一不辜,而得天下,不为也。"这体现孟子不懂得阶级斗争的规律,更没有战争是政治的继续的观念,也就不懂得战争是政治的最高手段。孟子的这一思想虽然是超越历史阶段的,但也体现了历史发展的总趋势——文明代替野蛮。二是认为社会经济制度安排要以"把人当人"为原则。在他看来,"民有饥色,野有饿莩","斯民饥而死","父母冻饿,兄弟妻子离散",都是统治者"率兽食人"的结果。为解决社会经济问题,他提出"明君制民之产,必使仰足以事父母,俯足以畜妻子,乐岁终身饱,凶年免于死亡",就是要通过开明的君王制定经济制度使老百姓有"恒产",进而使老百姓"不饥不寒"。三是主张统治者在管理老百姓的过程中不要图简单方便,不要随意动用强制力量,而要坚持以德服人的原则。他说:"以力服人者,非心服也,力不瞻也;以德服人者,中心悦而诚服也,如七十子之服孔子也。"四是主张统治者"与民同乐"。他说:"乐民之乐者,民亦乐其乐;忧民之忧者,民亦忧其忧。乐以天下,忧以天下,然而不王者,未之有也。"

其六,孟子认为,人皆可以为尧舜。尧和舜是古代的英雄和道德模范。任何人都可以为尧舜,是指在战国时代享有尧舜那样的社会地位吗?孟子的回答是两个字:不是。他说:"尧舜之道,孝悌而已矣。"其意思是说,尧舜的精神实质就是孝悌。只要学着尧舜那样做就可以做到。那么,人为什么都可以为尧舜呢?孟子没有提出这样的问题,也就没有直接回答这样的问题。但是,他的理论体系回答了这问题。这也就是说,人之所以都可以为尧舜,是因为每个人都有"不忍人之心",也就是都有那"四端"。

孟子的"四端"确实不是人生来就有的,婴儿和白痴也确实没有这"四端",人的"四端"都是后天获得的,孟子把这"四端"说成是人生来就有的,确实是错误的,那么,为什么又说这"四端"是伟大的东西呢?

孟子的"四端"实质上是将人之为人的标准确定为善,从而为人性发展指明了方向,因而是正确的,但以人本来就有"四端"为根据却是违背历史唯物主义的,因而是错误的。告子孟子之前,人类早已从动物世界走出。告子的理论是将人贬低为动物,孟子的人性理论则将人从动物世界提升出来。

## 二

当然,《孟子》一书中也有与他的理论体系相矛盾之处。比如,既然人皆有不忍之心,那为什么又要讲"君子所以异于人者,以其存心也。君子以仁存心,以礼存心"呢?又如,既然人皆有恻隐之心、羞恶之心、辞让之心、是非之心,为什么又说要"教以人伦"呢?

孟子认为,人性向善的表现为:人讲理,动物(禽兽)不讲理;君子宽容,自省。他说:"君子所以异于人者,以其存心也。君子以仁存心,以礼存心。"意思是说,君子与一般人不同的地方,就在于居心不同。君子心里老惦记着仁,惦记着礼。在孟子看来,君子与一般人的根本区别在内心。君子的内心怎么看出来呢?当然是看君子的言行。孟子用举例的方式说明了这一点,并认为人性向善的表现之一是讲理、宽容、能自省。他说:假如这里有个人,对待我蛮横无理("有人于此,其待我以横")。我如果是君子就一定会反躬自问,我一定是在什么地方表现出不仁或者失礼,不然他不会用这种态度对待我?如果我没有什么地方做得不对,也就是我实在是做到了仁,也没有什么地方失礼,那人对我的态度还是没有改变,我还要再反躬自问自己是不是不够忠心?如果我实在是对人忠心耿耿,而那人对待我还是蛮横无理。那就说明问题不在我而在他。此时,君子就可以说,那个人是个狂妄之人,这样不讲理,与禽兽又有什么区别呢?

孟子论证人性向善的方法是:承认人的资质是有区别的,但又认为一个人为恶与他的资质没有什么关系,不能将他为了不善的事情归罪于他的资质。现实社会的正常人、一般人,不论他是否受过高等教育,不论他从事什么职业,也不论他处于什么样的社会地位,都是有恻隐之心、羞恶之心、恭敬之心、是非之心的。人人都有恻隐之心、羞恶之心、恭敬之心、是非之心,是一个客观事实。承认这个事实,是唯物主义的一种表现。那么，这个仁之"四端"，是人先天就有的还是后天获得的呢？孟子认为是先天就有的，不是外界授予的，而是每个人本来、生来就有的。这样一来，孟子就由唯物主义滑进唯心主义了。孟子这样一滑就不能正确解释人在其婴儿时期有没有是非之心的问题了。事实上，人在婴儿时期是没有是非之心的，婴儿时期的人是没有礼义廉耻等观念的，也不知道怎样表示对人的恭敬，更不能对他人的行为做出是非、善恶、美丑的判断。人，任何人都有恻隐之心、羞恶之心、恭敬之心、是非之心，是人在后天获得的，其获得的途径之一是接受教育。每个人，都是从出世就开始接受教育。每个人所接受的教育，总是含有礼义廉耻的内容，因而都有"四端"，都有或多或少或强或弱的是非、善恶、美丑的判断的传承。

　　教育有这么大的作用吗？是有这么大的作用的。谁否定所受教育的作用，从而过分强调自己的作用，都是要犯错误的。历史和现实的许多事实告诉了我们这一点。林彪就是一例。林彪会打仗，是一个军事家，其成长过程与毛泽东对他的教育是分不开的。但是，林彪却要否认这一点，林彪否认的办法，是说自己特别聪明，脑袋特别灵。有人或许会说，动物也是有教育的。老母鸡教小鸡觅食，是这种判断的证明。由赵忠祥解说的《动物世界》也能给我们这种判断以支持。但是，如果将人在婴儿、少年、青年时期所接受的教育与动物的教育相比较，我们就可以发现：动物接受教育的时间是很短暂的，而人的一生则几乎都在接受教育；就教育的内容来说，动物的教育内容无非是怎样觅食以及怎样对付敌人，人的教育内容则是非常丰富的。特别应当指出的是，动物世界是没有品德教育的，是没有礼义廉耻教育的，品德教育是人的教育中独有的。

　　人与动物的区别，在很大程度上是教育使然。支持这一判断的事实还有：动物所欲，是天生的。动物所欲主要是食欲和性欲，其次是安全和乐欲。人之所欲很多，除食欲性欲、安全、乐欲外，人还有诸如看看世界，认识世界，创造世界纪录，创造奇迹等等欲望。食欲和性欲，是天生的。安全之欲、乐欲，可以说也是天生的。而看看世界、认识世界、改变世界等欲望却不是人天生就有的，而是接受教育后产生的。人之所以为人，就在于人的生存目的不是满足自己的食欲和性欲，也不是保证自己的安全和获得快乐，而是给人世间留下点什么。这种"留下点什么"的欲望，是任何动物都没有的，因而是人与动物的根本性区别。舍此，是不能正确认识人的，也是不能正确认识人性的。

　　人的生存目的虽然不是满足自己的食欲和性欲，也不是满足自己的安全、乐的欲望的。但是，这些欲望的满足却是人活着的基础。不满足人的食欲，人就不能生存；不满足人的性欲，人没有安全感，人没有娱乐活动，就不会快乐。换言之，人的食欲不能满足，就要觅食。人如果每天都是为填饱肚子而忙碌，就不可能去看看世界，就不可能看看天空，就没有欣赏大海的兴致；人如果每天劳动却填不饱肚子，就会抱怨自己、抱怨人生、抱怨命运、抱怨社会，社会就会生乱，就会动荡。

　　孟子的性善论实际上是一种为人性立法的理论，是一种以"善"为人之标准的理论。孟子认为，人因有"四端"才能成为人。没有"四端"的人不能称为人，而是与禽兽无异的禽兽。人要使自己与禽兽相区别，不是要去掉食欲性欲，而是要以正确的态度对待食欲性欲。人要使自己与禽兽相区别，就要保留"四端"而不能失去"四端"，而保留"四端"的办法一是统治者的"仁政"，二是君子的"善养浩然之气"。因此，人作为君子，或者想做君子的人，其处世哲学的根本原则也就必然是"达则兼济天下，穷则独善其身"。

# 关于荀子的人性论[①]

学界一般认为，荀子的自然观、认识论是唯物主义的，其人性理论则是与唯心史观相联系的性恶论。[②] 笔者以为，这样判定荀子的人性论有失偏颇，荀子的人性理论事实上是一个存在逻辑矛盾的体系，或者说，他的人性论包含两个体系：一是关于人与动物存在区别的理论体系，一是性恶论的体系。本章就此谈谈笔者的管见。

## 一、评判一种理论必须正确解决方法、尺度问题

正确评判任何人的任何理论，都必须正确解决方法问题、尺度问题。立场问题、依据什么等，属于方法范畴。被评判理论的深度、理论性、全面性，一句话，其真理性，则属于评判尺度范畴。每一理论体系的实质内容，是其思想内容。每一种理论都可以有多种表达或表现形式，专著、论文、诗歌、小说，甚至只言片语，都可以是理论的表达形式。因此，我们评判一种理论，固然首先要研究其专著，要以其专著所阐述的思想内容为依据，但不能局限于专著，而是应以其全部著作所阐述的思想内容为依据。评判某个学者的思想，不能只看其专著，更不能

---

[①] 本章曾以"荀子的人性理论：一个存在逻辑矛盾的体系"为题公开发表，见《湖南工业大学学报》2011年第1期。
[②] 任继愈：《中国哲学史简编》，人民出版社1973年版。

以其是否有专著或专题论文为根据。这个道理是每个学者都懂得的，或者说，这个法则是每个学者都应当遵守并运用的。就人性论研究来说，我们同样必须坚持这个法则。

第一，人性属于人，人性是人的属性和特征，认识人性必须认识人，关于人的理论必是关于人性的理论，反之，认识人必然讨论人性，关于人性的理论也必是关于人的理论。人性论的存在形式或表达形式可以是著作，可以是文章，可以是长篇大论，也可以是三言两语，其核心是"人性"这个概念，我们不能以文章长短，也不能以是否有完整体系为尺度，而只能以是否论到人、论到人性为尺度。马克思、恩格斯、列宁、毛泽东都没有写专论人、专论人性的著作，我们不能因此说马克思、恩格斯、列宁、毛泽东的著作中没有关于人、关于人性的理论。《荀子·性恶篇》，是荀子论人性的专著，但不是他的唯一论人和人性的著作，他的其他著作还谈论了人和人性。因此，判定荀子人性论的性质不能仅以《性恶》为根据，而应以整个《荀子》为根据。如果我们能这样看问题，就不会沿袭前人的观点仅将荀子的人性理论判定为性恶论。

第二，人性论是关于人性问题的理论，每一种人性理论，都有其独特的理论体系和思想内容，但是，一个人对于人性的认识在其一生的不同阶段，是可以有所不同的，因而其不同阶段的人性理论是可以有差别的。荀子《性恶》成文，应是有时间地点的（这有待考证），因而是荀子在其人生某个阶段对人性问题的探讨。荀子的其他著作，其成文同样是有时间地点的，因而同样可以视为其人生某个阶段或某几个阶段的人性认识。这种客观情况决定我们要从整体上正确评判荀子的人性论，必须以他的全部著作为依据，而不能仅以《性恶》为依据。

第三，人是一个与动物不同的特殊客观存在，人性是一个与动物性（兽性）不同的特殊客观存在。这应当是我们讨论人性、人性问题的基本前提。从这个前提出发的人性论，其真理性如何，是我们给出正确判定的根本依据。换言之，一种人性论的真理性或真理度，是由所达到的理论境界或所完成的任务决定的。人性论的任务有两方面，一是正确认识人的属性、特征及来源，二是为人性立法，正确确定人之为人的标准。一种人性论完成这双重任务达到怎样的境地，应是对其做出正确评判的基本依据。

## 二、荀子人性论所达到的理论高度

《荀子》内容非常丰富，内含哲学、经济学、政治学、教育学等方面的内容，作为哲学著作，不仅有认识论、历史观，同时也有人性论。其《性恶》是其人性论专著，但《王制》作为人性论著作所达到的成就比《性恶》更高。下面，我们主要以《荀子·王制》为根据来分析一下其人性论的成就。

荀子说："水火有气而无生；草木有生而无知；禽兽有知而无义；人有气有生有知亦且有义，故最为天下贵也。力不若牛，走不若马，而牛马为用，何也？曰：人能群，彼不能群也。人何以能群？曰：分。分何以能行？曰：义。故义以分则和，和则一，一则多力，多力则强，强则胜物。"[①] 细读这段文字可知：

第一，荀子研究人性问题有科学的思路和方法。比较，是科学研究的重要方法。将人与动物进行比较，将人性与动物性进行比较，是正确认识人和人性的基本思路和基本方法。荀子这段经典性的文字表明：荀子将人与动物做了比较分析，既讲了人与动物的共性，同时也讲了人与动物的区别，其认识人、认识人性的思路和方法在整体上是正确的。

第二，荀子已经认识到人与动物有三个方面的区别：一是人"有义"，二是人"善假于物"，三是"人能群"。荀子将人与世间万物的物质基础归结为"气"这种具体物质形态，是不科学的，但认识到人和世间万物有其共同的物质基础则是正确的。荀子将"有气"归结为世

---

[①] 《荀子·王制》，远方出版社2004年版。

间万物的共性未必科学,但将"有生"视为植物(草木)、动物(禽兽)和人的共性,将"有知"视为动物和人的共性,则是比较科学的。荀子认为植物和动物的区别在于植物无知、动物有知,认为动物(禽兽)与人的区别在于人有义,动物(禽兽)无义,也是比较科学的。荀子将人与世间万物的区别归结为"有气有生有知亦且有义"未必正确,但认识到人"最为天下贵"则是正确的。荀子说:人"力不若牛,走不若马,而牛马为用,何也?曰:人能群,彼不能群也。"荀子这三言两语很不简单,指出了人与动物两方面重要区别:一是人"善假于物",二是"人能群"。人在某些方面确实比不过动物,不如动物,如力不如牛,行走速度没有马那么快,但人能驯养牛马,能使牛马这样的动物为人所用,甚至能够驯养所有动物。人的这种"善假于物"的能力,是其他动物没有的。除人之外,世界上没有一种动物能驯服另一种动物,也没有一种动物能役使另一种动物。荀子在两千多年前,就看到人与动物的这一区别,就认识到人有"善假于物"的能力,是很了不起的。荀子将人能"善假于物"的原因归结为"人能群",也是正确的。所谓"人能群",不是"人要群",而是指人具有一种动物没有的能力,即指人能通过社会组织或组织社会形成互相合作,形成社会生产力,实现"善假于物"和"制天命"的目的。"人能群"确是人与动物的一个根本区别。荀子虽然认识到这一区别,但没有将这一区别规定为人与动物的根本区别,这是令人遗憾的。

第三,荀子对人能群的原因做了探讨。人何以能群?荀子的回答是人能"分"。"分"的含义是什么?从《荀子》看,是指人们基于社会分工的社会地位、职责、物质利益分配等方面的差别。"分"的依据是什么?荀子的回答是"义"。"义"是什么?一般认为,荀子讲的"义"是指反映社会发展规律的礼仪法度和道德准则,笔者认为,荀子讲的"义"包括正确反映自然规律和社会规律的礼仪法度和道德准则。荀子说:"圣王之制也,草木荣华滋硕之时则斧斤不入山林,不夭其生,不绝其长也"。① 意思是说，春天夏天不准斧斤入山林的制度是对自然规律的正确把握。他认为，社会制度规定龟鳖鱼鳅鳝孕育时节不准渔网、毒药进入江湖，也是为使这些水生动物能够"不绝其长"，同样是对自然规律的正确把握。他还说："春耕、夏耘、秋收、冬藏四者不失时，故五谷不绝而百姓有余粮也；污池渊沼川泽谨其时禁，故鱼鳖优多而百姓有余用也；斩伐养长不失其时，故山林不童而百姓有余材也。"② 意思是说，社会制度即所谓礼仪法度中有一部分必须遵循自然规律。荀子关于"虽王公士大夫之子孙，不能属于礼义，则归之于庶人。虽庶人之子孙也，积文学，正身行，能属于礼义，则归之卿相士大夫"；③"听政之大分：以善至者持之以礼，以不善至者持之以刑"等论述，则是说社会制度除要把握自然规律外，还要把握社会规律。其"两贵不能相事，两贱不能相使，是天数"④ 一说，虽然不正确，是违背历史唯物主义的，但其"分均则不偏"，"公平者职之衡也"等观点，则是对社会规律的正确把握。

"群"之所以必须，荀子的理由有二，一是"制天命"的需要，二是防止社会动乱的需要。荀子说："义以分则和，和则一，一则多力，多力则强，强则胜物。""故人生不能无群，群而无分则争，争则乱，乱则离，离则弱，弱则不能胜物。"⑤ 这就是说，人有了社会组织，有了礼义制度，就能以群的力量胜过自然界的动物，反之，没有社会组织，没有礼仪法度，没有"分"，没有"义"，社会就一定要乱，社会就处于无序状态。

"群"是需要人组织领导的，是需要协调指挥的，没有组织领导，没有协调指挥，"群"就会乱。谁来领导指挥协调呢？荀子认为是君王。君王用什么来进行领导协调指挥呢？荀子认为是礼仪法度。他说：

---

① 《荀子·王制》，远方出版社2004年版。
② 《荀子·王制》，远方出版社2004年版。
③ 《荀子·王制》，远方出版社2004年版。
④ 《荀子·王制》，远方出版社2004年版。
⑤ 《荀子·王制》，远方出版社2004年版。

"先王恶其乱也，故制礼义以分之，以养人之欲，给人以求。"① 这就是说，礼义法度是为"分"服务的，目的则是"养人之欲，给人以求"。这"养人之欲，给人以求"里就有社会制度规定人性、决定人性的含义。

## 三、荀子人性论的缺陷

荀子人性论体系存在着明显的缺陷，对其缺陷可做两方面的分析。

（一）《王制》篇的缺陷

其一，荀子没有将"人有气有生有知有义"看成一个不可分割的整体并视为人的本性，同时也没有认识到人之气不同于水火之气，人之生不同于草木之生，人之知不同于禽兽之知，是令人遗憾的。人之有气、有生、有知、有义，本是一个不可分割的整体。人之"生"与草木之生、动物之生，是有区别的；人之"知"与禽兽之知，也是有区别的。荀子没有认识到这些，是荀子走到真理面前不能继续前进的一个重要原因。

其二，荀子虽然认识到人有"善假于物"的特点，但没有将"善假于物"归结为人性之一，且没有进一步探讨人之"善假于物"开始于何时，也是令人遗憾的。"善假于物"是人的重要特征，是人之所以为人的重要原因。人之"善假于物"开始于何时？是开始于牛马为人所用还是开始于"人猿相揖别"？笔者认为，人之善假于物是开始于"人猿相揖别"的，"几个石头磨过"标志人开始了"善假于物"，牛马为人所用等则是"善假于物"的发展。人类社会进步的基础是物质资料生产，而"善假于物"则是社会生产力发展的重要内容。人类社会的发展历史，也就是人"善假于物"的发展历史。

其三，荀子虽然认识到人与动物的重要区别是"人有义"，但没有

---

① 《荀子·礼论》，远方出版社2004年版。

对"人有义"的"义"认识清楚,也没有将"人有义"规定为人性之一。所谓人有义,应指人要分辨并具有分辨是非、善恶、美丑的能力。荀子曾认为人之所以为人是因为人"有辨",但没有将这个"有辨"的含义以及与"有义"的关系讲清楚。他说"饥而欲食,寒而欲暖,劳而欲息,好利而恶害,是人之所生而有也,是无待而然者也,是禹桀之所同也。然则人之所以为人者,非特以二足而无毛也,以其有辨也。"[①]此外,荀子对"人有义"开始于何时,是开始于春秋战国时代还是开始于"人猿相揖别"等问题没有进行讨论,也是令人感到遗憾的。

其四,荀子虽然认识到"人能群"这一人的重要特点,却没有将其归结为人性之一,而且对于"人能群"开始于何时也没有进行研究,对于"分"开始于何时也没有进行探讨。这也不能不令人感到遗憾。

荀子理论的这些缺陷,历史唯物主义理论都基本上解决了。

(二)《性恶》篇的缺陷

其一,荀子以天生的东西才能称为"人性",后天的就不能称为"人性"为前提,限定人性概念的内涵,使人性概念内涵贫乏。告子说:"生之谓性"。荀子则说:"生之所以者然者谓之性。""凡性者,天之就也,不可学,不可事。不可学,不可事而在人者谓之性;可学而能,可事而成之在人者,谓之伪。"[②] 显然,荀子继承了告子的观点,为"人性只有欲"的观点奠定了理论前提。

其二,荀子认为,对人而言,天生的东西只有食欲性欲。荀子说:"君子生非异也,善假于物也。"意思是说,君子出生时与一般人没有什么区别,其"善假于物"的能力不是天生的,而是后天经过学习才能获得的。"人能群"的特性和能力也不是天生的。荀子说"人生不能无群",意思是说人的生存发展离不开社会组织,不是说"能群"是人的天性或本性。"人有义"的特性也不是天生的。荀子认为,"义"即礼仪法度是君王创造出来的。那么,什么是天生的呢?荀子认为,只有

---

① 《荀子·非相》,远方出版社2004年版。
② 《荀子·性恶》,远方出版社2004年版。

"有欲"才是人生来就有的。人一出生就要吃要喝。告子的"食色,性也"也是基于这种事实的。但是,告子、荀子都没有认识到这样的事实:人之所欲不止食欲性欲,不限食欲性欲,人之所欲是多方面的,乐欲、胜欲、求知欲、创造欲、改造自然之欲、改造社会之欲、利欲、名欲等等,都是人之所欲。人之所欲有先天后天、正当不正当之分,也就有善恶之分。人之所欲即人的需要,食欲性欲属于生理反应,也就是生存需要,利欲名欲则属于社会赋予的,是社会制度的产物。两千多年前的告子、荀子未能认识这些,而将全部人之所欲归为天性是错误的,但是可以原谅的。今人仍将人之所欲全部归结为天性则无疑是错误的,是不可原谅的。

其三,荀子认为,人欲就是人性,人性本恶。告子认为,食欲性欲就是人性。食欲性欲是人生来就有的,但无善恶之分。荀子则认为人之所欲使人性恶。他说:"今人之性,生而好利焉,顺是,故争夺生而辞让亡焉;生而有疾恶焉,顺是,故残贼生而忠信亡焉;生而有耳目之欲,有好声色焉,顺是,故淫乱生而礼义文理亡焉。然则从人之性,顺人之情,必出于争夺,合于犯分乱理而归于暴。""人之性恶明矣。"[①]在这里,荀子认为,好利、疾恶、好声色,都是人生来就有的属性,而对这些人欲任其自然发展不予控制就必然产生恶。荀子这样说是有道理的,也有许多事实为根据,但并未证立人欲、人性本恶。因为:人的食欲性欲作为生理反应,是无善无恶的。当人的食欲与他人无关时,用植物动物来满足人的食欲与动物用植物、动物满足其食欲的性质一样,也是没有善恶问题的。当人的食欲性欲与他人有关联时,则是有善恶问题的,但即使如此也不能将人的生理反应归结为恶。比如,当人之食欲指向他人碗里的食物时,当人之性欲指向他人之妻时,其食欲性欲虽然可做是非善恶评价,但食欲性欲作为生理反应还是无善无恶的。人的利欲、名欲无疑是有善恶之分的。人之所欲还可分为客观需要和主观需要。主观需要是客观需要的反映,主要是社会制度和文化使然。因此,

---

① 《荀子·性恶》,远方出版社2004年版。

论人性：善恶并存 以善为主 >>>

人的主观需要是有善恶之分的。既然人之所欲，特别是人的利欲名欲有善恶之分，则判定人之所欲善恶并存是符合客观事实的，将人之所欲归结为恶就是不符合事实的。人之所欲是人之行为动力，但人之所欲既可导致恶行也可导致善行，仅将人欲视为恶源是片面的。把人等同于动物，同样不能得出人性本恶的结论。因为我们不能对动物的食欲性欲做善恶评价，也不能对动物为满足所欲的本能行为做善恶评价。所以，以人有欲作为人性本恶的根据是不正确的，以人有欲为出发点的人性本恶论是不能在事实上证立的。

其四，荀子认为，社会有善的存在是圣人化性起伪的结果。所谓"伪"，就是人为。荀子说："性者，本始材朴也；伪者，文理隆盛也。无性则伪之无所加，无伪则性不能自美。"① 荀子这样说是有道理的，但是他的论证则有问题。他以陶人制作陶器来论证善的产生，属于打比方的证明方法。这种证明方法的科学性是有限的。荀子说陶土成为陶器，是人为即"伪"的结果没有错，但说不是"生于人之性"则有问题。陶土成陶器，一是因为陶土有为陶器之性，即不是任何泥土都可以做成陶器的；二是因为陶人有为陶之技。陶人仅有为陶之技，没有陶土，是不能做成陶器的。相反，仅有陶土没有为陶之技，也是做不成陶器的。荀子只讲陶土的作用，而不讲陶技的作用，更不讲陶技作为人的属性之一就是其善假于物的表现，也是片面而错误的。事实上，人之所以能为善为恶，固然有"人为"的原因，但"人为"是要以人性为基础的。荀子只讲"人为"不讲人的属性可为善也可为恶，仅将善归为人为的结果，却将恶归结为人的本性是缺乏说服力的。

其五，荀子将社会制度文化产生的原因归结为人性恶。他说：礼义法度，是生于圣人之伪，而非生于人之性。而圣人之所以要创造礼义法度则是因为人欲、人性本恶。这既是不懂历史唯物主义的表现，也是不懂历史唯物主义的结果。历史地看，礼义法度即社会制度及文化既是以人性既善又恶为基础的，同时又是使人性善恶并存的原因。正是因为有

---

① 《荀子·礼论》，远方出版社2004年版。

了资源、财产属于谁所有的制度，才有基于此制度的是非善恶观念和尺度，也就才有对人之所欲、所为进行是非善恶的评判。正因为有了这样的评判，人性才有善恶之分。因此，与其说人性恶是社会制度产生的原因，倒不如说人性善恶是社会制度和文化作用的结果。

其六，荀子说"古者圣王以人之性恶"，是没有事实根据的。在荀子之前，老子没有讨论人性善恶问题。孔子只说"性相近，习相远"。再往前，尧舜禹，周公等"古者圣人"更是都没有说过人性恶。告子是不是提出人性问题第一人，权且不论，但告子是人性无善无恶论者。孟子反对告子，认为人性善。从这些事实可知，荀子的这一人性本恶的论据是伪造的。

## 四、荀子人性论缺陷的原因

从上述可知，荀子认识人性本来是有一条正确路线的，可是他后来却又走到错误路线去了，掉进了性恶论的泥坑。荀子为什么会犯这个错误呢？笔者认为，根本原因是荀子不懂得历史唯物主义，不懂得人性、人的本质是"一切社会关系的总和"的道理，其具体原因则有以下四个方面：

第一，荀子的立场存在问题。荀子的立场是"王者之师"或"君王幕僚"的立场。这就是说，荀子的理论是为统治者实现有效统治服务的。他的《王制》篇所要论证的核心思想是，君王是伟大的，礼义法度是君王制定的，是为实现天下太平服务的。他的《性恶》篇同样是为实现君王有效统治服务的，所要论证的核心思想是，普通老百姓的本性是坏的，没有统治者的有效统治，就必然要导致天下大乱。

第二，荀子当时所处时代的历史条件决定荀子在当时还不能提出后人才能提出的问题，认识后人才能认识清楚的问题，而且，即使到今天人性论的问题也并未全部认识清楚。因此，荀子未能完成正确认识人性的任务，以至掉进性恶论的泥坑，都是不足奇怪的。

第三，荀子没有建立贯穿整个理论体系的原理和概念。荀子有"三不知"：一是不知人性论的任务是要将人性这一特殊客观存在认识清楚，要将人性认识清楚就必须将人与动物进行全面的比较分析，而荀子没有将人与动物的区别，人性与动物性的区别这条总纲贯彻于其人性论体系的始终；二是不知人性作为"现实人"的客观属性，首先应是其根本的属性，人的方方面面的性质和特点是由这一根本的人之属性规定的，人与动物的区别来源于人的根本属性，这所谓人的根本属性就是马克思主义所揭示的——劳动；三是不知人与动物的区别即所谓人性的生成有一个历史过程，这个历史过程是一个"自然历史过程"——人性是至少200万年人类历史的产物。人性的生成发展的原因在人类社会，人性不能简单地归结为人欲，也不能归结为人欲的自然发展。

第四，荀子没有认识到人性概念的内涵在人性理论中的重要地位，也没有正确把握科学的研究方法。这有三个方面的表现：一是在荀子的人性理论中存在逻辑矛盾，存在概念的不一致。比如，他一方面说："不可学、不可事而在人者，谓之性；可学而能，可事而成之在人者，谓之伪。是性、伪之分也。"[①] 另一方面，他又说："无性则伪之无可加，无伪则性不能自美。"这里的逻辑矛盾是：既然性是不能通过学、事来改变的，那又何来"化性起伪"？既然人性可化，那又为什么说不可学、不可事的东西才叫人性呢？事实上，任何事物的性质和特征，都是可以在一定条件下改变的。没有什么事物的性质和特征是不可改变的。所以，荀子关于"性"不可改变的观点，是错误的。二是荀子《性恶》篇研究人性的方法，是寻求所有人共同性、共同特征的方法。这方法本是人们进行科学研究、认识事物常用的方法。但是，这个方法如果不能正确把握，同样是不能导致正确结论的。食欲性欲，还可加上乐欲、知欲，再加上"善假于物"，"能群"，有是非善恶美丑辨别能力，人对自己的行为具有反思的能力等，本都是所有人的共同特征，荀

---

[①] 《荀子·性恶》，远方出版社2004年版。

子却说这些特征只是一些人（君子）才具有的，另一些人则不具有这些特征，这就不能最终确认人的共同特征了。荀子说："夫乐者，乐也，人情之所必不免也，故人不能无乐。"① 这意思是说，乐欲也是人之共性。他还说："凡以知，人之性也；可以知，物之理也。"② 这意思是说，知欲也是人的天性。荀子虽然有此认识，却不能将这些认识贯彻到全部人性论中。三是荀子没有界定"人性主体"。人性属于人，人是人性的主体，这没有错。但是，作为人性主体的人，是指什么样的人呢？是否包括婴儿、白痴和严重精神病患者呢？荀子没有考虑此问题，是可以原谅的。但是，他没有考虑此问题则使他不能认识到这样的事实：婴儿、白痴、严重精神病患者作为医学的研究对象是人，作为人文关怀的对象也是人，但其属性和特征却基本上与动物无异。因此，作为人性主体的人，只能是正常人。所谓人之所欲、人之所行的善恶，只能是正常人的善和正常人的恶。而正常人的善性恶性，都不是天生的，是后天从社会获得的，是社会赋予的，是社会制度和文化教育以及自主学习的产物。正如毛泽东所说："自从人脱离猴子那一天起，一切都是社会的，体质、聪明、本能一概是社会的，不能以母腹中为先天，出生后才算后天。""人的五官、身体、聪明、能力本于遗传，人们往往把这叫做先天，以便与出生的社会熏陶相区别，但人的一切遗传都是社会的，是在几十万年社会生产的结果，不指明这点就要堕入唯心论。"③

当代科学告诉我们，任何具体事物的性质和特征，都是多样的，不是单一的。例如，水就有物理性质和化学性质。唯物辩证法认为，事物的性质和特征，是由运动形式决定的。如果事物运动的形式是机械运动，当然就有机械运动的性质和特征；如果事物运动的形式是物理运动，就必有物理性质和特征；如果事物运动的形式是化学运动，就有化学性质和特征；如果事物的运动形式是生物运动，当然就有生物的性质

---

① 《荀子·乐论》，远方出版社2004年版。
② 《荀子·解蔽》，远方出版社2004年版。
③ 《毛泽东文集》第3卷，人民出版社1996年版，第83页。

和特征；如果事物的运动形式是社会运动，就必有社会运动的性质和特征。人的特点是：在进行机械运动的时候还要进行物理的化学的生物的社会的运动。例如，人在劳动的时候或者在行走的时候，就要同时进行化学的生物的运动。因此，人的性质和特征是多样性的，不是只有一种性质和特征。所谓人性，从字面上讲就是指人所具有的所有性质和特征。因此，将人性归结为某一种具体的性质和特征，是一种错误的做法，其结果就是片面性，也就必定不能正确认识人性这种客观存在。要正确认识人性，必须全面地考察人研究人，必须把人的所有性质和特征搞清楚。这样才能避免片面性。

# 关于鲍鹏山的人性论

鲍鹏山先生在谈论孟子、荀子的人性论时陈述了他自己关于人性的认识,这可称为鲍鹏山人性论。鲍鹏山先生的人性论的主要观点是:人性就是人欲;人欲是无善无恶的,因此人性也是无善无恶的;人性属于自然范畴,而善恶属于伦理范畴;人欲是推动社会历史发展的根本动力;性善论导致政治专权,性恶论导致法治社会;哲学史上关于人性善恶之争实际上是无中生有的命题。

鲍先生说:"人的正常欲求既可能是恶的萌蘖地,也可能是善的源泉。也就是说,道德意义上的善和恶,具有同一土壤,那就是人性。所以,人性只有欲,而无道德意义上的善恶。人性属于自然范畴,而善恶属于伦理范畴。自然范畴内不存在道德内涵。到自然现象中去寻找道德意义,或把道德依据托之于自然法则,是典型的唯心主义。也是古今中外思想家常犯的错误。所以,我以为,哲学史上关于人性善恶之争实际上是无中生有的命题。人性只是土壤,这土壤中既可盛开善之花,又可盛开恶之花,既可养育善类,又可庇荫毒蛇猛兽。善类与毒蛇猛兽都寄生于大地,而大地本身却无所谓善恶。况且,即使毒蛇猛兽也未尝不是大自然正常秩序中不可或缺的一环,也就是说,也是符合于善的目的的。人性属于自然领域,道德属于社会领域。"[①]

鲍先生在引用恩格斯的"正是恶劣的情欲——贪欲和权势欲成了历史发展的杠杆"这一著名论断之后还说:"十八世纪前后,当人们以

---

① 鲍鹏山:《鲍鹏山新读诸子百家》,复旦大学出版社2009年版。

科学的态度来探讨历史时，发现了一个似乎令人难以置信的事实：被中世纪贬斥了千余年的人性，人欲，竟然是历史的最有力的推动者！历史的原动力，往往竟是一直以来被人们当作恶的东西！霍尔巴赫认为：'利益或对于幸福的欲求，就是人的一切行动的唯一动力。'可见，灭人欲，往往也就是摧毁历史前进的动力。况且，人类追求自身欲望的满足，追求自身的福祉，这不正是最大的善么？"[1]

鲍先生在批判孟子性善论的时候说道："说人性善，只能祈求人们向善，它相信人的自我道德约束，最终导致的是政治专权；说人性恶，便能积极地去防恶，它导致的是对权力的制衡。"[2]

显然，鲍先生的观点就是告子的观点，鲍先生的人性论本质上就是告子的人性论。鲍先生人性论不同于告子之处，在于鲍先生还认为人欲是推动社会进步的动力，而性善论最终还导致了政治专权产生，这就把政治专权的产生归罪于性善论了，而性恶论却可以导致权力制衡一说，则可说是把法治社会的现实归功于性恶论了。鲍先生人性论在21世纪初的中国出现，说明告子的人性论还是有人相信的。鲍先生人性论有市场表明告子人性论仍然有市场。因此，分析一下鲍先生人性论就是有必要的了。

整体上看，鲍鹏山的人性论没有贯彻历史唯物主义的基本原理，没有坚持唯物辩证法的认识方法，也就没有完成科学认识人性的任务。其错误有以下五个方面：

其一，他同告子一样仅将人欲直接规定为人性，对人与动物的区别视而不见，将人降低为动物也就成为必然。鲍鹏山说："人性只有欲"。人有欲，是一个客观事实。但是，人性不止有欲，同样是客观事实。人有欲，只是人性的一个方面。人除有欲外，人还有其能，还有其为。仅看到人有欲，看不到人之能、人之为，是片面的。而且，仅仅讲人有欲，不能区分人与动物，不能区分人性与动物性。"人是动物"——这

---

[1] 鲍鹏山：《鲍鹏山新读诸子百家》，复旦大学出版社2009年版。
[2] 鲍鹏山：《鲍鹏山新读诸子百家》，复旦大学出版社2009年版。

个判断所揭示的事实是：人与动物存在共性。我们不能满足于此，不能停止于此。人与动物都有欲。"都有欲"是人与动物的共性。以"都有欲"不能区分人和动物。而"人性"是用来区分人与动物的，讲"人性只有欲"，是不能将人与动物区别开来的，不论人与动物区别的人性论没有多大价值。要论人与动物的区别，就不仅要讲人有欲，而且要讲人之能、人之为，也就要认识到人与动物的根本区别是人能劳动，是"人的生产"，是人能通过"人的生产"来满足人之所欲，也就是人能通过社会生产来解决生存发展问题。因此，说"人性只有欲"是错误的。

其二，他没有对人之所欲做必要的分析，笼统地绝对肯定人之所欲，进而认为人性无善无恶。要将人之所欲纳入人性范畴，就要论人之所欲与动物所欲的区别。鲍鹏山说："人的正常欲求既可能是恶的萌蘖地，也可能是善的源泉。"这"正常欲求"是指什么？是需要界定的。不予界定，"正常欲求"的概念就不清晰。事实上，有正常欲求，就有非正常欲求。人的食欲性欲作为生理反应，作为生物本能，是无善无恶的，但二者是可分析的。人的食欲所指向的对象是植物（瓜果蔬菜）和动物，性欲所指向的对象是人。善恶总是与人有关。在一定条件下，食欲激发、满足可与人无关，性欲激发可与别人无关也可与他人有关，其满足则总是与别人有关。因此，人的食欲性欲在一定条件下就有了是非善恶问题。鲍先生所讲的人欲是指什么呢？如果鲍先生所讲的人欲是指与他人无关的食欲性欲，那是可以认定其食欲性欲无善恶之分的，但是动物也是有此二欲的。动物所欲、动物所行，是无善恶之分的，动物性也就没有善恶之分。食欲性欲是人作为生物所具有的本能，是人作为生物的自然性，以人有食欲性欲为由断定人性无善恶，只看到人的自然性而不论人的社会性，是把人等同于动物，作为人性论是没有意义的，作为学说则是属于生物学或动物学，人性论属于哲学和社会科学，而不能属于生物学或动物学。如果鲍先生所讲的人欲是广义的，则人之所欲远不止食欲性欲，人之所欲不仅有先天后天之分，还有善恶之别。不论人之所欲的区别，满足于人有欲的人性论是没有什么价值的。鲍先生在百家讲坛讲过林冲、武松等，那么请问：高衙内、潘金莲、西门庆、施恩等的欲求是正当的还是非正当的，是善的还是恶的呢？

　　人之所欲包含的食欲性欲是应当肯定的。乐欲胜欲求知欲创造欲等等，都是应当肯定的。甚至在一定历史阶段，人的利欲名欲权势欲，也是应当肯定的。但是，肯定人之所欲可有不同的方式。笼统地不加分析的肯定，是一种方式。有分析有区别的肯定，即既有肯定也有否定，也是一种方式。社会进步，人性发展所需要的肯定是后一种肯定而不是笼统的肯定。"人是动物"——这个判断是肯定人欲的一种方式。说"人是动物"不仅意味对人之食欲性欲的肯定，而且意味对人之全部所欲进行肯定。"人不是动物"——这个判断也是对人之所欲的一种肯定方式。"人不是动物"的含义是什么？笔者以为，"人不是动物"虽然可能导致有人对人有食欲性欲视而不见，虽然可能导致将人的食欲性欲视为万恶之源，但其本意不是否认人有食欲性欲，也不是说人的食欲性欲是万恶之源，而是说人之所欲不止食欲性欲，人之所欲要以与动物不同的方式和途径满足。"人不是动物"还内含人之所欲、人之所能、人之所为与动物所欲所能所为的区别。动物只有食欲性欲，再加上一点乐欲，人之所欲除食欲性欲乐欲外还有做事之欲、创造之欲等；动物所能就是满足食欲性欲之能，顶多加上保证自己安全之能，因而全是本能，人之所能是进行"人的生产"之能，不是基于满足食欲性欲而产生的所能，人之所能高于动物所能；动物行为单是满足食欲性欲的行为，顶多加上遇到敌人时能逃能抗的行为，人的行为是多样化的行为，是进行"人的生产"的行为，是能够使自己与动物有别的行为。因此，以"人是动物"为前提的人性论是将人降低为动物的人性理论，以"人不是动物"为前提的人性论则是将人从动物世界提升出来的人性理论。如将"人是动物"和"人不是动物"结合起来则有"人既是动物又不是动物"的判断。"人既是动物又不是动物"的判断，更符合事实，更接近真理。

鲍鹏山说：人性只有欲，"人性只是土壤，这土壤既可以盛开善之花，又可盛开恶之花，既可养育善类，又可庇荫毒蛇猛兽。善类与毒蛇猛兽都寄生于大地，而大地本身却无所谓善恶。"显然，鲍先生肯定人欲的公式是：人欲＝人性＝开出善恶之花的土壤。鲍先生的这一公式与"人是动物"的判断有所不同，但是他把人性当作土壤，与荀子把人性当作被加工的材料，与告子把人性当作桮桺树，又有什么区别呢？这样一种打比方的论证办法能解决人性问题吗？不能！人性问题有许多，人之所欲与人性是什么关系，人之所欲有无善恶，人性善恶如何产生等等，都是人性理论应当回答的。如果人欲等于人性能够成立，则动物所欲等于动物性也能成立，那么，为何只有人欲才是开出善恶之花的土壤而动物所欲却不能开出善恶之花呢？动物行为是由其所欲直接推动的，人的行为也是其所欲推动下产生的，既然所欲没有善恶之分，那么，为什么对动物行为可不分善恶而对人的行为要分善恶呢？

人的食欲、性欲、乐欲等，都是应当肯定的。但是，肯定这些欲求并不等于对一切人之所欲都要肯定。人之所欲中有些欲望是社会赋予的，是人自主追求产生的结果。比如，有的人，其人生价值观就是"乐为上"，因而他要及时行乐，他的乐欲就是"吃遍天下，阅尽人间春色"。因为有了此欲，他就要做嫖客。嫖客之为嫖客，都是自主选择的结果，是为满足一时性起之性欲而采取的行动，其行为是性欲推动的结果。这嫖客的性欲应当肯定吗？妓女之为妓女，有的是生活所迫，有的则是为了满足其利欲。为生活逼迫做了妓女，固然不能视为恶行，为富而做妓女的乐欲不是恶吗？也应当肯定吗？

有人在你面前摆上一杯毒酒，你端起来要喝，有人大声喝道："不准喝！"——这是否定你之所欲吗？不是！可有人认为，他否定了你的欲。你同意他的说法吗？你面前站着一个秀美女郎，她已是别人的妻子，你伸手要牵，你父亲大喝一声："你们不能牵手！"你父亲这么做，是否定你的性欲吗？有人说，这是否定你的性欲，你同意吗？日本军国主义发动侵华战争，也是有理由的。他们那一伙强盗的理由就是，日本民族要生存要发展，要过上美好生活，要满足其所欲。他们在南京搞了南京大屠杀，几十年过去后，有日本人说，你们中国人怎么要反抗呢？他的意思是，中华民族如果不反抗就不会有南京大屠杀，让日本军人满足了他们的欲求，怎么会有南京大屠杀呢？——这一套理论你相信吗？你如果相信，那就必然要对下面这副图画持肯定态度了。

一个男人，他的性欲来了，他要对一个女人实施强奸，或者他正在对一个女子实施强奸；另一个人看到了，他却在那里说："人之所欲也，天性也；人之所欲也，不能灭；人之所欲也，不能压抑，压抑会损害身体健康的；人之所欲也，历史前进动力也。"面对这位理论家的这一番宏论，你是什么态度，什么意见呢？

显然，人之所欲本身就有善恶之分，不论人之所欲的是非、善恶、美丑，是不对的。不论人之所欲的是非，简单地否定或肯定人之所欲，是智慧不够的表现，是思想懒惰的表现。

其三，他没有对人性主体做必要的界定，即没有将婴儿、白痴、严重精神病患者排除在人性主体之外。笔者认为，人之行为必分善恶，是鲍鹏山先生也认同的道理。人行为的直接动力，是人之所欲。笔者认为，这也应当是鲍鹏山先生认同的道理。那么，人之所欲有无善恶之分呢？鲍先生认为是无善恶之分的，笔者则认为是有善恶之分的。鲍先生认为人欲无善恶之分的原因之一，是因为他没有将婴儿、白痴和严重精神病患者排除在"人性主体"之外，笔者之所以认为人欲有善恶是因为在笔者看来"人性主体"是不包括婴儿、白痴和严重精神病患者的。"人性主体"之所以不能包括他们，是因为他们的所欲、所能、所为基本上同动物一样，他们没有是非、善恶、美丑的观念，没有是非、善恶、美丑的辨别能力，也没有行为控制能力。要求婴儿、白痴、严重精神病患者讲道德论是非善恶，与要求动物讲道德论是非善恶，是同样性质的错误。你将动物视为与你相同，不是动物的过错，而是你的过错。同样道理，你将白痴视为与你相同的人，不是白痴的过错，而是你的过错；你将严重精神病患者视为与你相同的人，也不是精神病患者的过错,而是你的过错。但是,要求正常人对自己的所欲、所为论个是非善恶的曲折,则是天经地义的。

"生也易,活也易,生活不容易。"为什么"生活不容易"?是因为做人不容易。因此我们可以说:做牛易,做马易,做人不容易。这就是说,人如果把自己当动物,像动物那样行为,不论是非善恶,那当然容易。人们常说"做人难"。人为什么会感到做人难,原因是很多的,因此"做人难"的含义是非常丰富的。笔者以为,做人之所以难就是因为人不能像动物那样为所欲为。人们还常说"管人难"。管人是比管动物难。动物所欲单纯、简单,人之所欲内容复杂繁多;动物行为出于本能、单一化,人的行为多样化。让动物吃饱喝足,关起来就行了,所以管理动物容易;人不一样,管理人不是让人吃饱喝足而后关起来那么简单。管理人固然需要他律,更需要自律。真正要把人管好,关键在发挥人的自律。任何管理好的单位,都是被管的人具有很强的自律性,任何管理不好的单位都是人的自律性比较差。这些事实表明,人性与动物性是不同的。

人是可以回归动物的。因此,每个人的发展方向都有两个:做人还是做动物;每个人都可以有两种选择:做人还是做动物。做人难,做动物容易,使每个人面临选择。管人难,管动物容易,使管理者也有两种选择:把人当动物,像管理动物那样管人,还是把人当人,依据人性来对人进行管理。有人说:领导把我当人看,我就像牛那样干;领导把我当牛看,我就把自己当人看。——这其实就是所谓科学管理的真谛。

其四,他没有认识到人之所欲作为人行为的直接动力,本质上是社会矛盾运动的产物。人之所欲确实是人之行为直接动力,但人之所欲中除自然需要性质的欲求外其他都是从社会获得的,是社会赋予人的,因此人之所欲后面还有决定者。人之所欲后面的决定者是人类社会基本矛盾。人类社会的基本矛盾,是生产力与生产关系、经济基础与上层建筑的矛盾。人类社会进步是这两对矛盾运动的结果。一方面看,是人与人的关系,是人的行为需要规范导致社会经济、政治制度的产生和发展;

论人性：善恶并存　以善为主　>>>

另一方面看，每一时代的人与人的关系又是受社会制度和文化制约的，人之所欲、人之所能、人之所为，都是在一定社会制度框架内获得并发展的。因此，人性是生成、发展于社会的，离开社会来谈人性是错误的，也是不可能正确认识人性的；说人性属于自然范畴，说人性属于自然领域都是不能成立的。说孟子未能证立人性善，说荀子未能证立人性恶；说孟子的证明方法不可能证明人性善，说荀子的论证方法不可能证明人性本恶，都是正确的。客观事实是：人性既善又恶，以善为主。人性之所以既善又恶，以善为主，是社会使然，是社会制度、文化及教育使然。

费孝通先生说，食欲性欲属于生物特性，人之欲望则属于文化事实。北方人有吃大蒜的欲望，并不是遗传的，而是从小养成的。所谓从小养成，就是文化和教育使然。"所谓'自私'，为自己打算，怎样打算法却还是由社会上学来的。"[①] 人性本恶也是不能在事实上证立，人性本善也不能在事实上证立，但是，人性善恶并存以善为主却可以在事实上证立。性善论只看到一个方面的事实，只记得人有恻隐之心、是非之心、辞让之心、羞恶之心的经验，却忘记了人还有"小人之心"、嫉妒之心、争夺之心的经验，因而是片面的。相反，性恶论则是只看到人有欲以及因资源稀缺所导致的资源争夺的事实，看不到即使在资源稀缺情况下也有人之辞让的事实，因而也是片面的。黑格尔虽然不懂得历史唯物主义，但他毕竟是辩证法大师，所以他就懂得对立统一规律，他就懂得既然人间有善也就必然有恶，既然人性有善也就必然有恶，所以他才认为，说人性善恶都对，所以他才说："当人们说人性善时说出了人类一个伟大的思想，当人们说'人性恶'时说出了比'人性善'伟大得多的一个思想。"中国思想史表明，在中国，人性善的思想比人性恶的思想产生要早，孟子性善论比荀子性恶论要早，这两个人性论结合起来就更接近事实，因而更接近真理。在已有人性善思想的情况下，人性恶的思想出现当然就更"伟大"了。所以，黑格尔的论断并不是说，

---

[①] 费孝通：《乡土中国》，生活、读书、新知三联书店1985年版，第86页。

人性本恶论比性善论更接近真理，而是说这两个理论结合起来才符合事实。至于性善论和性恶论的历史作用，即二者在政治、经济、文化制度建设方面发挥的作用如何，则应当另论，简单地肯定或否定，都是不合客观实际的。

鲍先生将人对自身欲望满足的追求，说成是人间最大的善，说成是历史发展的根本动力。鲍先生的这一观点，是在引用恩格斯和霍尔巴赫的论断之后说的。霍尔巴赫说："利益或对于幸福的欲求，就是人的一切行动的唯一动力。"霍尔巴赫是资产阶级的思想家，他不懂得也不可能懂得历史唯物主义，他不懂得不同的人对幸福的理解是不同的因而其所谓幸福欲求也是不同的，因此，他将所谓幸福的欲求归结为人的一切行动的动力是错误的。恩格斯说："正是人的恶劣的情欲——贪欲和权势欲成了历史发展的杠杆"，"恶是历史发展的动力借以表现出来的形式"。[①] 恩格斯是历史唯物主义的创立者之一，恩格斯当然懂得人之所欲在历史上的作用，但他更懂得人之所欲（包括恶劣的情欲和善良的情欲）都是历史发展的产物；而社会历史的动力是社会基本矛盾，人之所欲所包含的恶劣情欲和善良情欲，都是历史发展动力借以表现出来的形式。这就是说，恩格斯的本意是说，在一定历史阶段，不仅善是历史发展的动力，恶也是历史发展的动力；不仅恶劣情欲是历史发展动力的表现形式，善良情欲也是历史发展动力的表现形式。因此，马克思恩格斯反对抽象地谈论人性，对抽象地肯定或否定人之所欲持坚决反对的态度。他们是真正的历史主义者，即总是从人类社会历史发展的"自然历史过程"的高度看待不同历史阶段的人以及人性，因此他们才把人性、人的本质归结为"一切社会关系的总和"。

显然，以恩格斯的这个论断为论据断定人欲就是人性，进而抽象肯定人欲并将人对所谓幸福的欲求是人间最大的善，是违背恩格斯的本意的，也是不能证立人性无善无恶、人欲是历史发展唯一动力的观点的。如果人性就是人欲，而人欲又真是无善无恶的，则所有人之恶行就是人

---

① 《马克思恩格斯选集》第4卷，人民出版社1975年版，第233页。

性的展现，所有恶行也就天然合理。强奸犯罪行为人的性欲，是其行为的直接推动力。既然其性欲天然合理，其行为为何要予以指责呢？其行为怎么要给予惩罚呢？既然人的求生欲求天然合理，则人之求生行为也就天然合理，那么在侵略者面前，唯一正确的选择就只有逃和降了，"抗"就不是正确的选择了，那么一切教人投降的理论也就是正确的了，一切教人抗争的理论反倒变成了错误的理论了。由此可见，笼统地简单地肯定人欲是不会产生好的社会后果的。

总之，善和恶都是人的属性，善行和恶行都是人性的表现，二者都是人类社会应有之义，也是人之为人的应有之义，二者都对社会历史发展起着推动作用。两相比较，谁的作用更大呢？笔者以为善的作用更大，人类社会进步主要是由善推动的。

其五，他关于性善论最终导致政治专权，性恶论导致权力制衡的论断缺乏根据。鲍先生认为，说人性善，只能祈求人们向善，将希望寄托于人的自律，将希望寄托于人的自我道德约束，最终导致的是政治专权；说人性恶，便能积极地去防恶，它导致的是权力制衡。——这一论断是存在问题的。

政治专权果真是性善论导致的吗？不是！政治专权是社会矛盾运动的产物，政治专权是统治者选择的结果。政治专权的理论基础不是性善论而是性恶论。孟子的政治理论中有一条就是"民贵君轻"。"民贵君轻"应该导致的是民主，而不是专制。孟子主张仁政，仁政的首要一条就是不杀人。这怎么会导致专制？鲍先生说，荀子的政治思想的核心是"君贵""君本"，而荀子的人性论是性恶论。性恶论是为君贵、君本服务的。所以，说性恶论导致政治专权才符合逻辑。当然，鲍先生说的是"最终导致政治专权"。"最终导致政治专权"是什么意思？是说按照以性善论为基础的政治理论建立起来的民主政治体制最终不能解决社会问题而导致走向其反面——政治专制吗？是说以性善论为基础的德治行不通最后必然走向政治专制吗？历史上存在过的政治专制可以归罪于性善论吗？政治专权是历史事实，是历史的产物，当今世界仍然存在。其原因只能到社会历史中寻找，其原因只能是社会本身的矛盾，而不可能是某种理论直接导致的结果。虽然某种理论也许会对政治专权发出强烈的呼唤，但政治专权之所以能够被呼唤出来是因为存在政治专制及社会基础，而且呼唤本身之所以产生也是有其社会基础的。奴隶社会的历史条件下只能产生出奴隶主阶级的民主政治或专制政治，而不可能呼唤出资产阶级的民主政治体制或专制政治体制。

权力制衡果真是性恶论导致的吗？不是！权力制衡同样是社会矛盾运动的产物，是统治阶级内部斗争的结果，是统治阶级内部不得不互相"让步"的结果。权力是与权利相对的，权利与权力也是相互制约的。权力制衡机制首先应当体现权利对权力的制约。从这个角度看问题，权力制衡的理论基础就不是性恶论而是性善论。孟子的人性论是典型的性善论。孟子的政治理论中就有权力制衡思想。一国之内只有一个君，要防君专权。办法是什么呢？孟子认为，一个办法是君施行仁政，这包括对外不好战，省刑罚、薄税敛，让老百姓有恒产，过上不饥不寒的日子，君与民同乐与民同忧。这个办法就是用老百姓的生存发展权利来制约君王的权力。另一个办法就是让臣子拥有一些权力以限制君权。怎么限制呢？孟子没有想出体制上的办法，但他讲了一个最后的办法，那就是所谓"臣弑其君"。对于那专制的暴君，如商纣王那样的人，孟子给了一个称呼叫"一夫"。对于武王伐纣这一历史事件，孟子给出了一个真理性的解释："闻诛一夫纣矣，未闻弑君也。"孟子认为，人性本善，或者说人性向善，每个人都有恻隐之心、是非之心，因而主张以德治国，但他并没有完全否定法律的作用，他并没有说要废除法律，更没有说要废除礼制，他只是说，要减少刑罚，减少老百姓的税负，这不是制衡权力又是什么？相反，荀子的政治理论中没有权力制衡思想，只有加强最高统治者权力的思想。事实上，荀子的性恶论也没有导致权力制衡机制产生。那么，中国历史上封建专制是否就是荀子的性恶论导致的恶果呢？笔者认为也不是。中国历史上皇帝专制同样是社会矛盾运动的产物，是历史选择的结果。荀子性恶论所讲的人似乎没有明确排除统治者，其人性恶也似乎没有明确排除统治者，但是荀子是将统治者称为"圣人"的。所谓"圣人"也就是制定礼义法度的人。圣人制定礼义法度不是为了束缚自己，而是为了束缚别人。统治者为了束缚别人就要寻找根据，荀子作为统治者的谋臣就创造了性恶论。韩非也是要充当这样的角色，他比荀子走得更远，他为统治者寻找的统治根据是人性本恶，其对付被统治者的办法是"法"。所谓"法"其实就是"罚"。韩非的人性论作为统治人民的理论根据还是有缺点的，这缺点就是笼而统之的人性本恶论，即同荀子一样没有明确地将最高统治者从"人性本恶"中排除出来。汉代的董仲舒比韩非又前进了一步，他开始讲人性恶不包括皇帝了。他将人性分为上中下三等，即所谓"圣人之性、中民之性、斗筲之性"。他认为，"圣人之性"必然派生天生的善，"斗筲之性"必定派生天生的恶，这都是不可改变的，因此也可以不叫"性"。他还认为，只有"中民之性"才是可以改变的，只有所谓中民之性才是真正的人性。按照董仲舒的逻辑，我们可以说，所谓人实际上是除开圣人和天生的恶人之后的人，只有这种人才是应当教育的，也才是可以教育的。对圣人而言，圣人无需教育，对天生的恶人来说，则是教育无意义。圣人是神，天生的恶人则是魔鬼，他们都不是人。只有具有中民之性的人，才是人。人获得善的途径是教育，所以人是要受教育的。人如果不受教育，便会行恶。法无罚不立，法无罚不行。罚，是指向"斗筲之性"和"中民之性"的。所以，在汉代及以后的统治者看来，董仲舒的人性理论比荀子韩非子的人性论还要好，还要高明。但是，董仲舒的人性论也是存在问题的，因为每一个最高统治者都是要死亡的，他死亡之后谁来接班呢？按道理应当是由具有"圣人之性"的神来接班，但是谁是具有"圣人之性"的神却难以确定，嫡长子继承皇帝的制度执行起来总是存在困难，而且人们一般的经验又总是表明必须承认这样一个事实：人的一半是天使，一半是魔鬼。每个人身上都有善根和恶根。任何人都是需要教育的，任何人都有可能回归为动物，任何人也都可以成为道德高尚者。即使皇帝也是如此。因此，董仲舒的人性理论总是遭到责难。

性善论作为政治学和管理学的理论基础，其主旨是说人性是善的，因此好的政治或好的管理，是"无为"，是少折腾，是以不管为管，是任其自然，是强调人的自律，是将法律、纪律、道德规范内化为人的良心，使人做事想事不违背良心。因此性善论不仅不会导致政治专权，而且反对政治专权。性恶论作为政治学和管理学的理论基础，其主旨则是说，人性本来是恶的，因此管住人是政治和管理的题中应有之义；要管住人就必须有赏有罚，赏的作用是激励，罚的作用是防止和制止；要管住人就必须积极地主动地管，而不能任其自然，不能依靠人的自律，自律是靠不住的，只有他律才靠得住；要使法律、纪律、道德规范发挥应有的作用就必须树立法律、纪律的权威，而法律、纪律是要靠掌握权力的人来执行的，因此树立法律、纪律的权威最终又可归结为树立统治者的绝对权威。因为统治者是一个群体，这一群人也是要人管的，所以要管住这一群人就要树立最高统治者的绝对权威。这也就是说，要管住人必须形成这样一种局面：家有千口主事一人，一个家里必须有一个人说的话算数，说话有人听；国有亿人，绝对权威一个——皇帝。当皇帝或父亲（家长）开口说话的时候，其他人安静地听——自己只能听到自己的鼻息声，房子里一点别的声音都听不到；不论皇帝或父亲说的话是否正确，其他人，哪怕是有着血缘关系和亲情的家庭成员也只有执行的权利而没有反对的权利。为了形成这种局面，就需要相应的制度和文化，因而也就有了"君为臣纲，父为子纲，夫为妻纲"；"君要臣死，臣不得不死，父要子亡，子不得不亡"；"天下无不是的父母"。专制社会的权力是不受制约的权力。因其不受制约而有这样的二重性：一方面是显得特别强大，另一方面则显得非常脆弱。没有权力的人们容易看到权力的强大，把握权力的人则经常意识到权力的脆弱。而这种关于权力脆弱的意识则与人性本恶论有着深刻的内在联系。人性本恶论使统治者特别是最高统治者不信任任何人，他们怀疑任何人的忠诚品性，总是睡不安稳，而任意杀人和采取特务手段监视臣下的言行，则是其强化手中权力的手段。但是，正是权力不受制约和不断强化又使权力的脆弱性不断彰显出来。而权力的脆弱性又是以统治者并非神而是人这一客观事实为基础的。因此，绝对权力的追求往往以绝对权力的散失而终结。当然这只是暂时的终结，而非永恒的终结。绝对权力的死而复生，往往是被人性本恶论不断呼唤出来的。

事实上，人性是善恶并存的。人性善恶并存的原因在社会。从这一事实出发的政治和管理，其特点必然是两手并用，必然是相信人的同时又不完全相信，必然是自律和他律相结合，必然是"无为"与"有为"相结合。"总之，'人性即人欲'的理论，是错误的经不起推敲的人性论，其危害也是多方面的。

# 后 记

10年前，一哲学专业研究生毕业的青年同事问我信不信马克思主义，我回答信，她又问：是宗教般信还是怎样的信？我回答说："不是宗教般信，而是学理上信。"

我自觉对于人性问题的考察、研究以及发声，是坚持了马克思主义的世界观、立场和方法的，是坚持了辩证唯物主义和历史唯物主义的。我的研究以《人性论》为名出版后，我每天盼着读者的批判发声，然而没有读到。这曾使我的内心不安。直到2014年末在《新华文摘》上读到北京大学哲学系资深老教授朱德生先生的文章——《由性善性恶论引起的一点思考》后，这种内心不安才烟消云散。因此，在本书再版之际，我要恳请读者阅读本书时，不妨将朱先生的文章找来一并阅读，且特别关注这样一段文字："性善性恶的问题，不是个先天性或后天性的问题，而是社会问题，即是个社会制度和社会教育问题。一切为善为恶的活动，形式上都表现为个人的活动，实质上它却反映了当时社会制度和社会生活中的利弊。一个社会管理者如果不能从中看到应有的启示，那他就会走到人民群众的对立面去。"[①]

谢谢出版社和读者。

作者于2016年2月16日

---

[①] 《新华文摘》2014年第20期。